高等学校“十三五”规划教材

物理化学实验

刘春丽　主编

王　文　罗海南　副主编

化学工业出版社

·北京·

《物理化学实验》为适应地方本科院校应用型人才培养转型发展而编写，实验内容兼顾基础与综合，注重与生产实践和学科前沿相结合，旨在培养学生的应用能力和创新精神。

全书由绪论、实验部分、附录和参考文献四部分组成。实验部分涵盖了热力学、电化学、动力学、表面与胶体化学共34个实验，每个实验后均有扩展实验，以开阔学生视野，提高其主动思考的积极性。附录包括13个常用仪器的原理和使用方法以及31个常用的物理化学数据表。

《物理化学实验》可作为高等院校化学、应用化学、化工和材料化学等专业的教材，也可供相关专业的师生及科研人员参考。

图书在版编目（CIP）数据

物理化学实验/刘春丽主编. —北京：化学工业出版社，2017.8（2023.7重印）
高等学校“十三五”规划教材
ISBN 978-7-122-30004-1

Ⅰ.①物… Ⅱ.①刘… Ⅲ.①物理化学-化学实验-高等学校-教材 Ⅳ.①O64-33

中国版本图书馆CIP数据核字（2017）第145223号

责任编辑：宋林青 王 岩　　文字编辑：孙凤英
责任校对：边 涛　　装帧设计：关 飞

出版发行：化学工业出版社（北京市东城区青年湖南街13号 邮政编码100011）
印 装：北京天宇星印刷厂
787mm×1092mm 1/16 印张10¾ 字数277千字 2023年7月北京第1版第2次印刷

购书咨询：010-64518888　　售后服务：010-64518899
网 址：http://www.cip.com.cn
凡购买本书，如有缺损质量问题，本社销售中心负责调换。

定 价：21.00元

《物理化学实验》编写组

主　　编：刘春丽

副 主 编：王　文　罗海南

编写人员：王金虎　赵雪英　朱洪龙　夏雁青

柏　冬　李凤刚　汤爱华　黄宪统

王振华　史永强

前言

《物理化学实验》是在地方本科院校转型发展的大背景下，为培养适应社会经济发展需要的具有较强实践能力和创新精神的应用型人才，与地方企业合作编写的。本书内容结合目前物理化学实验教学设备的现状和现代实验技术，既有基础实验，也有反映学科前沿的创新实验，充分体现了基础性、应用性、综合性和创新性。

本书分为绪论、实验部分、附录三个部分。绪论介绍了物理化学实验的基本要求与规则、实验室安全知识、误差的计算、实验数据的表示方法和计算机处理实验数据的方法等。实验部分包括 34 个实验项目，其中热力学实验 11 个，电化学实验 10 个，动力学实验 6 个，表面与胶体化学实验 7 个。每个实验中均增加了扩展实验，一方面为指导学生开展设计实验提供素材，另一方面以激发学生积极思考，提高学生解决实际问题的能力。附录部分包括 13 个常用仪器的原理和使用方法以及 31 个常用的物理化学实验数据表。

本书的主要编写特点如下：

① 数据测量力求“准”。物理化学实验的核心内容是物性参数的测定，数据的准确性是关键。为此，我们一方面改进数据采集的方法，如：“燃烧热的测定”和“凝固点降低法测摩尔质量”实验，改用计算机采集数据。另一方面，让学生学会用计算机进行实验数据处理和作图。同时，要求学生分析误差产生的原因，启发学生改进实验操作或实验方法。

② 强调实验方法的掌握和灵活运用，让学生学会举一反三，提高学生的综合设计能力。扩展实验部分重点体现本实验方法在其他体系测定中的应用或其他实验方法与该方法的比较。

③ 企业深度参与，增加了实验项目的应用性，如“药物有效期的测定”、扩展实验中“煤的燃烧热测定”和“硅胶的比表面测定”等。

④ 贯彻绿色化学理念，提高学生的环保意识。在实验项目的设计上，尽可能使用无害、无毒或低毒试剂。

本书是在枣庄学院和地方企业全体编写人员的共同努力下完成的。参加编写的企业人员有：王振华（水煤浆气化及煤化工国家工程研究中心）、史永强（山东益康药业股份有限公司）、汤爱华（山东益源环保科技有限公司）、黄宪统（枣庄市环保局环境监测站）等。在此，对所有参编人员表示衷心的感谢！

本书的出版得到了“山东省普通本科高校应用型人才培养专业发展支持计划”项目的经费支持，特予感谢！

由于水平有限，书中难免存在不足之处，敬请读者批评指正。

编者

2017 年 3 月

目录

第1部分 绪论

1.1 物理化学实验的目的、要求与规则

物理化学实验是继无机化学实验、分析化学实验、有机化学实验之后的又一门基础化学实验课。它是物理化学基本理论的具体化、实践化，是构建完整化学理论知识体系的实践基础；它综合了从普通物理到化学各门实验的方法，以测量系统的物理量变化为基本内容，通过对实验数据的处理、综合与分析，得出规律或结论。

1.1.1 实验目的

① 通过实验验证所学理论，巩固和加深对物理化学原理的理解，提高学生对物理化学知识的灵活运用能力。

② 使学生掌握物理化学实验的基本方法和技能，学会通用仪器的操作，培养学生的动手能力。

③ 训练学生仔细观察实验现象、正确记录和处理实验数据、分析实验结果的能力，培养学生严肃认真、实事求是的科学态度和作风。

④ 培养学生勤奋学习、求真、求实、勤俭节约的优良品德和科学精神，培养学生的环境保护意识和团结协作精神。

1.1.2 实验要求

(1) 实验前预习

① 仔细阅读实验教材与理论教材中的有关内容，明确实验目的，掌握基本原理，明确实验仪器的构造、使用方法和实验操作步骤，对教材中提供的思考题和扩展实验提前作出思考，以便在实验中进一步体会和解决。必要时可以查阅相关的文献资料，对实验方法有进一步的了解和预测，思考是否还有值得改进的地方。

② 撰写实验预习报告。实验预习报告包括实验目的、实验原理、简明的实验步骤、事先设计的原始实验数据记录表格和实验时注意事项等相关内容。

（2）实验过程

① 学生必须带实验预习报告进实验室，进入实验室后，应按指定位置进入实验台，首先按照仪器使用登记表核对仪器，如有短缺或损坏，应立即提出，以便及时补充或修理。

② 在不了解仪器性能和使用方法之前，不得随意乱试，不得擅自拆卸仪器。学生必须先在教师的现场指导下熟悉仪器，掌握其使用方法，方可接通电源进行实验。

③ 具体实验操作中，要胆大心细，做到胸有成竹，方寸不乱。同时实验过程中要仔细观察实验现象，详细准确地记录原始实验数据和实验条件，分析和思考可能出现的问题。如遇异常现象，应立即查明原因。

④ 要保持实验仪器、实验台及实验室的整洁，节约实验药品，注意废液的回收，严禁将废液倒入下水道，养成良好的实验习惯；实验结束后，仔细清洗仪器、打扫卫生。

（3）实验报告

实验结束后，学生应根据实验过程及实验原始数据撰写一份完整的实验报告。实验报告的质量在很大程度上反映了学生实验操作的实际水平和数据分析处理能力，因此要求字迹工整、纸面清洁。数据处理、作图、误差分析、问题归纳等内容应严谨、认真，有理有据。实验报告是实验考核中非常重要的一部分，应予以高度重视。

物理化学实验报告的内容包括：① 实验目的；② 实验原理；③ 实验步骤；④ 实验数据及处理；⑤ 结果讨论和误差分析；⑥ 思考题解答。

实验目的要简明扼要，说明用什么实验方法解决什么问题；实验原理不能简单抄写教材内容，要结合理论课教材，必要时查阅资料，简明扼要地阐述；实验步骤要清晰明了，可以用思维导图的形式画出；实验数据及处理要有原始数据记录表，手工作图应使用坐标纸，提倡使用计算机软件进行数据处理和绘图，并把图纸端正地粘贴在实验报告上；结果讨论和误差分析主要包括对实验现象或规律的解释、通过实验值与文献值的对比，分析误差产生的原因以及实验的改进、心得体会等。

1.1.3 实验室规则

① 实验时应遵守操作规则，遵守一切安全措施，保证实验安全进行。

② 遵守纪律，不迟到，不早退，保持室内安静，不大声交谈，不到处乱走，不许在实验室内嬉闹及恶作剧。

③ 禁止穿拖鞋、背心进入实验室。实验室内严禁吸烟、饮食，或把食品、食具带进实验室。

④ 未经指导教师允许，不得擅动精密仪器，使用时要爱护仪器，如发现仪器损坏，要立即报告指导教师。

⑤ 水、电、煤气、药品及试剂等要节约使用。取用药品和试剂时要使用正确的操作方法。

⑥ 随时保持室内整洁卫生，化学固体废物和废液要统一收集，火柴梗、纸张等其他废物只能丢入废物缸内，不能随地乱丢，更不能丢入水槽，以免堵塞。

⑦ 实验完毕要清理实验台，洗净玻璃仪器，整理公用仪器、试剂药品等，如有仪器损坏应登记。

⑧ 实验结束后，由学生轮流值日，负责打扫整理实验室，检查水、煤气、门窗是否关好，电闸是否关闭，以确保实验室安全。

1.2 物理化学实验安全知识

物理化学实验室的安全防护是关系实验者生命和国家财产安全的重要问题。物理化学实验经常遇到使用高温、低温、高频、高电压、高气压、低气压等实验条件，潜藏着发生触电、着火、爆炸、灼伤、中毒等事故的危险。因此，需要实验者具备必要的安全防护知识，懂得应采取的预防措施，以及万一事故发生后应及时采取的处理方法。

1.2.1 安全用电常识

物理化学实验室需要使用大量用电仪器和设备，因此需要特别注意安全用电。违章用电不仅可能造成仪器设备损坏，而且可能导致人身伤亡等严重事故。为保障实验者的人身安全和仪器设备的安全，必须遵守以下安全用电规则。

(1) 防止触电

① 操作电器时，手必须干燥。不得直接接触绝缘不好的通电设备。

② 一切电源裸露部分都应有绝缘装置，所有电器设备的金属外壳都应接上地线。

③ 实验时，应先连接好电路，再接通电源；修理或安装电器时，应先切断电源；实验结束时，应先切断电源，再拆线路。

④ 不能用试电笔去试高压电。使用高压电源应有专门的防护措施。

⑤ 如有人触电，首先应迅速切断电源，然后进行抢救。

(2) 防止发生火灾及短路

① 电线的安全通电量应大于用电功率；使用的保险丝要与实验室允许的用电量相符。

② 室内若有氢气、煤气等易燃易爆气体，应避免产生火花。

③ 继电器工作时、电器接触点接触不良时及开关电闸时都易产生电火花，要特别小心。

④ 如遇电线起火，应立即切断电源，用沙或二氧化碳、四氯化碳灭火器灭火，禁止用水或泡沫灭火器等导电液体灭火。

⑤ 电线、电器不要被水淋湿或浸在导电液体中；线路中各接点应牢固，电路元件两端接头不要互相接触，以防短路。

(3) 电器仪表的安全使用

① 使用前，先了解电器仪表要求使用的电源是交流电还是直流电，是三相电还是单相电以及电压的大小。必须弄清电器功率是否符合要求及直流电器仪表的正、负极。

② 仪表量程应大于待测量。待测量大小不明时，应从最大量程开始测量。

③ 实验前要检查线路连接是否正确，经教师检查同意后方可接通电源。

④ 在使用过程中如发现异常，如不正常声响、局部温度升高或闻到焦味，应立即切断

电源，并报告教师进行检查。

⑤ 不进行测量时，应断开线路或关闭电源，这样，既省电又延长仪器寿命。

1.2.2 使用化学药品的安全防护

(1) 防毒

化学药品大多具有不同程度的毒性。主要是通过呼吸道和皮肤接触有毒药品而对人体造成危害。因此预防化学药品中毒应做到：

① 实验前，应了解所用药品的毒性及防护措施。

② 操作有毒气体及浓盐酸、氢氟酸等，应在通风橱内进行，避免与皮肤直接接触。

③ 剧毒药品应妥善保管并小心使用。

④ 不要在实验室内喝水、吃东西；离开实验室要洗净双手。

特别要注意的是：在物理化学实验中会用到水银温度计、甘汞电极以及水银 U 形压力计等，可能由于使用不当造成汞中毒。汞易挥发，吸入汞蒸气会引起慢性中毒，症状为食欲不振、恶心、便秘、贫血、骨骼和关节疼痛、神经衰弱等。汞能聚集于人体内，其毒性是积累性的。若每日吸入 0.05～0.1mg 汞蒸气，数月之后就有可能发生汞中毒。因此，使用汞时必须严格遵守下列操作规定：

① 储存汞的容器要用厚壁玻璃器皿或瓷器，在汞面上加盖一层水，避免汞直接暴露于空气中，同时应将器皿放置在远离热源的地方。一切转移汞的操作，均应在装有水的浅瓷盘内进行。

② 装汞的仪器下面一律放置浅瓷盘，防止汞滴洒落到桌面或地面。万一有汞掉落，要先用吸汞管尽可能将汞珠收集起来，再撒上硫黄粉、漂白粉、多硫化钙等任一物质的粉末，或喷洒 20% $FeCl_3$ 溶液，使汞转化成不挥发的难溶盐，干后扫除干净。

(2) 防爆

可燃性的气体与空气的混合物，当两者的比例处于爆炸极限时，只要有适当的热源（如电火花）诱发，就会引起爆炸。表 1-2-1 列出某些气体与空气混合的爆炸界限（20℃，101325Pa）。

表 1-2-1 与空气混合的某些气体的爆炸界限（用体积分数 φ_B 表示）

气体	爆炸界限 φ_B	气体	爆炸界限 φ_B
氢气	0.04～0.74	乙烯	0.03～0.29
甲烷	0.053～0.14	乙炔	0.025～0.80
一氧化碳	0.125～0.74	乙烷	0.032～0.125
水煤气	0.07～0.72	乙醇	0.043～0.19
煤气	0.053～0.32	乙醚	0.019～0.48
氨气	0.155～0.27	苯	0.014～0.068
丙酮	0.026～0.128	乙酸乙酯	0.022～0.114

因此，应尽量防止可燃性气体逸散到室内空气中，同时保持室内通风良好，避免形成可

爆炸的混合气。在操作大量可燃性气体时，应严禁使用明火，严禁使用可能产生电火花的电器以及防止铁器撞击产生火花等。

另外，有些化学药品，如叠氮铅、乙炔银、乙炔铜、高氯酸盐、过氧化物等，受到震动或受热容易引起爆炸。特别应防止强氧化剂与强还原剂存放在一起。久藏的乙醚使用前，需设法除去其中可能产生的过氧化物。在操作可能发生爆炸的实验时，应有防爆措施。

(3) 防火

许多有机溶剂如乙醚、丙酮、乙醇、苯等极易燃，使用时室内不能有明火、电火花等。实验室内不可存放过多这类药品，用后要及时回收处理，不可倒入下水道，以免因其聚集而引起火灾。还有些物质能自燃，如黄磷在空气中就能因氧化而自行升温燃烧起来；一些金属如铁、锌、铝等的粉末，由于比表面积很大，能激烈地进行氧化而自行燃烧；金属钠、钾、电石及金属的氢化物、烷基化合物等也应注意存放和使用。

实验室一旦发生火情，应冷静判断情况，采取措施，如隔绝氧的供应，降低燃烧物质的温度，将可燃物质与火焰隔离等。常用来灭火的有水、沙以及二氧化碳灭火器、四氯化碳灭火器、泡沫灭火器、干粉灭火器等，可根据着火原因和场所情况正确选用。以下几种情况不能用水灭火：

① 金属钠、钾、镁、铝粉、电石、过氧化钠等着火时，应用干沙等灭火。

② 密度比水小的易燃液体着火，采用泡沫灭火器。

③ 有灼烧的金属或熔融物的地方着火时，应用干沙或干粉灭火器灭火。

④ 电器设备或带电系统着火，用二氧化碳或四氯化碳灭火器。

(4) 防灼伤

强酸、强碱、强氧化剂、溴、磷、钠、钾、苯酚、冰醋酸等都会腐蚀皮肤，特别要防止它们溅入眼内。液氧、液氮等低温物质也会严重灼伤皮肤，使用时要小心。万一发生化学试剂灼伤，首先要尽快用大量流水冲洗，然后及时治疗。

轻度灼伤的一些处理方法：

① 酸（或碱）灼伤皮肤。立即用大量水冲洗，再用碳酸氢钠饱和溶液（或1%～2%乙酸溶液）冲洗，最后用水冲洗，涂敷氧化锌软膏（或硼酸软膏）。

② 酸（或碱）灼伤眼睛。不要揉搓眼睛，立即用大量水冲洗，再用3%硫酸氢钠溶液（或3%硼酸溶液）淋洗，然后用蒸馏水冲洗。

③ 碱金属氰化物、氢氰酸灼伤皮肤。用高锰酸钾溶液洗，再用硫化铵溶液漂洗，然后用水冲洗。

④ 溴灼伤皮肤。立即用乙醇洗涤，然后用水冲净，再涂上甘油或烫伤油膏。

⑤ 苯酚灼伤皮肤。立即用大量水冲洗，然后用体积比为4∶1的乙醇（70%）-氯化铁（$1mol \cdot L^{-1}$）的混合液洗涤。

(5) 防割伤和烫伤

物理化学实验中经常使用一些切割工具，部分实验需要在高温条件下进行，可能发生割伤和烫伤。因此，实验过程要务必小心，以防事故的发生。

轻度割伤和烫伤的处理方法：

① 割伤：若伤口内有异物，先取出异物，再用蒸馏水洗净伤口，然后涂上红药水，并

用消毒纱布包扎或贴创可贴。

② 烫伤：立即涂上烫伤膏，切勿用水冲洗，更不能把烫起的水泡戳破。

1.3 物理化学实验中的误差

在物理化学实验中，往往需要进行大量的物理量的测量工作。实践证明，在任何一种测量中，无论所用仪器多么精密，方法多么完善，实验者多么细心，所得的结果常常不能完全一致而会有一定的误差。所以，实验者除了要掌握各种测定方法之外，还要对测量结果进行评价，分析测量结果的准确性，误差的大小及其产生的原因，以求不断提高测量结果的准确性。

1.3.1 误差的分类

根据误差产生的原因及其性质，测量误差一般可分为系统误差、偶然误差和过失误差。

(1) 系统误差

这种误差是由分析过程中某些固定的原因引起的一类误差，它具有重复性、单向性和可测性。产生系统误差的原因如下：

① 测量方法本身的缺陷。例如，使用了近似公式，指示剂选择不当等。

② 仪器、药品带来的误差。例如，仪器本身不够准确，试剂不够纯等。

③ 操作者的不良习惯。例如，有的人对某种颜色不敏感，观察视线习惯性的偏高或偏低等。

增加测量次数不能消除系统误差。系统误差可通过改进实验技术和方法、改变实验条件、提高试剂纯度等方法消除或减少。例如，用精密数字密度计代替比重瓶法测液体密度，会大大减小系统误差；由于试剂和器皿造成的系统误差，一般可用空白试验来消除等。

(2) 偶然误差

这种误差是由一些难以控制、无法避免的偶然因素造成的一类误差，它具有大小和正负的不确定性，也称为不确定误差。产生偶然误差的主要原因如下：

① 实验条件微小的变化，不能完全恒定。例如，测定时周围环境的温度、湿度、气压和外电路电压的微小变化，尘埃的影响，测量仪器自身的变动性等。

② 实验者处理各份试样时的微小差别以及读数的不确定性等。

仔细控制操作条件，可以减少偶然误差，但无法避免。

(3) 过失误差

这种误差是由实验者粗心，不按操作规程进行实验，过度疲劳或情绪不好等造成的。如试剂用错，读数读错，砝码认错或计算错误等，这类错误有时无法找到原因，但是完全可以避免。

1.3.2 误差的表达

误差分平均误差、标准误差和或然误差。

平均误差（δ）：平均误差即算术平均误差，其定义为：

$$\delta=\frac{1}{n}\sum_{i=1}^{n}|x_i-\bar{x}| \tag{1-3-1}$$

式中，n 为测量次数；$\bar{x}$ 为一组测量值的平均值。平均误差的优点是计算简便，缺点是无法表示出每次测量间彼此符合的情况，可能会把质量不高的测量掩盖住。

标准误差（σ）：标准误差又称均方根误差，其定义为：

$$\sigma=\sqrt{\frac{\sum_{i=1}^{n}(x_i-\bar{x})^2}{n-1}} \tag{1-3-2}$$

标准误差不仅是一组测量中各观测值的函数，而且对一组测量值中的较大误差或较小误差比较敏感，能较好地反映各次观测值的符合程度，因此它是表示精密度的较好方法，在近代科学中已广泛采用。

或然误差（p）：$p=0.6745\sigma$，其意义是：在一组测量中，若不计正负号，误差大于 p 的测量值与小于 p 的测量值将各占总测量次数的 50%，即误差落在 $+p$ 与 $-p$ 之间的测量次数占总测量次数的一半。

1.3.3 测量的准确度与精密度

准确度是指测量值与真值符合的程度。而真值是指用已消除系统误差的实验手段和方法进行无限多次的测量所得的算术平均值或者文献手册中的公认值。系统误差和偶然误差都小，测量值的准确度就高。

精密度是指测量值重复性的大小。偶然误差小，数据重复性就好，测量的精密度就高。平均误差、标准误差和或然误差都可以表示测量结果的精密度，但数值上略有不同，它们之间的关系为：$p:\delta:\sigma=0.675:0.794:1.00$。近代科学中，多采用标准误差表示。测量结果的精密度常用（$\bar{x}\pm\delta$）或（$\bar{x}\pm\sigma$）表示，δ、σ 值越小，测量的精密度越高。

在一组测量中，精密度高，但准确度并不一定好；反之，若准确度好，则精密度一定高。换句话说，高精密度不能保证得到高准确度，但高准确度必须有高精密度来保证。

1.3.4 偶然误差的统计规律和可疑值的舍弃

偶然误差服从正态分布规律，以误差出现的次数 n 对标准误差的数值 σ 作图，可得到如图 1-3-1 所示的正态分布曲线。

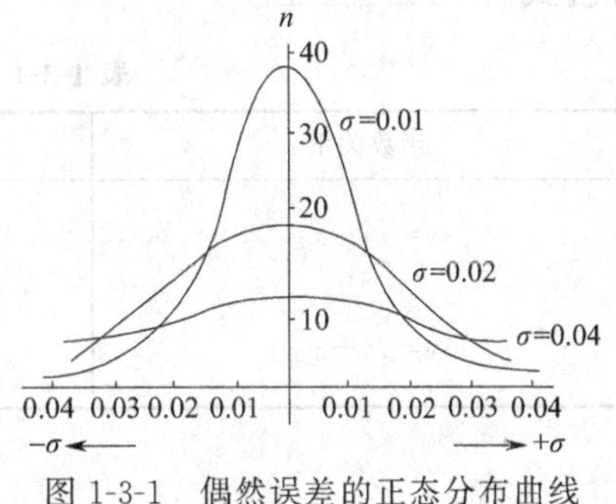

图 1-3-1 偶然误差的正态分布曲线

由于正、负误差具有对称性，在消除系统误差和过失误差的前提下，当测量次数足够多时，测量值的算术平均值趋近于真值：

$$\lim_{n \to \infty} \bar{x} = x_{真} \tag{1-3-3}$$

但是，实际测量只能进行有限次，故算术平均值不等于真值。于是人们又常把测量值与算术平均值之差作为各次测量的偏差。偏差反映测量数据的可疑性。

在测量过程中，经常发现有个别数据很分散，为获得较好的重复性，很多人倾向于舍弃这些数据，但这种做法是不科学的。在实验过程中，只有有充分理由证明这些数据是由过失引起（如砝码加减有误，读数有误等）时，方可舍弃。如果没有充分理由，必须根据误差理论决定数据的取舍。

统计结果表明，测量结果的偏差大于 3σ 的概率不大于 0.3 %。因此，根据小概率定理，在测量次数达到 100 次以上时，凡偏差大于 3σ 的数据点均可以作为可疑值剔除。测量次数为 10～15 次，可粗略地用偏差是否大于 2σ 作为可疑值剔除的依据；若测量次数再少，偏差值应酌情递减。

1.3.5 误差传递——间接测量结果的误差计算

测量分为直接测量和间接测量两种。直接表示所求结果的测量称为直接测量。例如，用温度计测量体系的温度，用直尺测量物体的长度，用电位差计测量电池的电动势等。但在大多数物理化学实验中是要对几个物理量进行测量，代入某种函数关系式加以运算，才能得到所需要的结果，这就称为间接测量。对于间接测量，个别测量的误差都反映在最后的结果中。下面讨论如何计算间接测量的误差。

（1）间接测量结果的平均误差和相对误差计算

设某物理量 u 是由直接测量的 x、y 求得，即 u 是 x 和 y 的函数，写作

$$u = f(x, y) \tag{1-3-4}$$

则误差传递的基本公式可表示为：

$$\mathrm{d}u = \left(\frac{\partial u}{\partial x}\right)_y \mathrm{d}x + \left(\frac{\partial u}{\partial y}\right)_x \mathrm{d}y \tag{1-3-5}$$

设 u、x 和 y 的直接测量误差 Δu、Δx 和 Δy 足够小时，可分别代替 $\mathrm{d}u$、$\mathrm{d}x$ 和 $\mathrm{d}y$，并考虑到在最不利的情况下，直接测量的正、负误差不能对消，从而引起误差积累，故取其绝对值。则上式可改写为：

$$\Delta u = \left|\frac{\partial u}{\partial x}\right| |\Delta x| + \left|\frac{\partial u}{\partial y}\right| |\Delta y| \tag{1-3-6}$$

这就是间接测量中计算最终结果的平均误差的普遍公式。表 1-3-1 列出了部分函数的误差计算公式。

表 1-3-1　部分函数的平均误差计算公式

函数关系	绝对误差	相对误差
$y=x_1+x_2$	$\pm(\lvert\Delta x_1\rvert+\lvert\Delta x_2\rvert)$	$\pm\left(\dfrac{\lvert\Delta x_1\rvert+\lvert\Delta x_2\rvert}{x_1+x_2}\right)$
$y=x_1-x_2$	$\pm(\lvert\Delta x_1\rvert+\lvert\Delta x_2\rvert)$	$\pm\left(\dfrac{\lvert\Delta x_1\rvert+\lvert\Delta x_2\rvert}{x_1-x_2}\right)$

续表

函数关系	绝对误差	相对误差
$y=x_1x_2$	$\pm(\lvert x_2\Delta x_1\rvert+\lvert x_1\Delta x_2\rvert)$	$\pm\left(\frac{\lvert\Delta x_1\rvert}{x_1}+\frac{\lvert\Delta x_2\rvert}{x_2}\right)$
$y=x_1/x_2$	$\pm\frac{(\lvert x_2\Delta x_1\rvert+\lvert x_1\Delta x_2\rvert)}{x_2^2}$	$\pm\left(\frac{\lvert\Delta x_1\rvert}{x_1}+\frac{\lvert\Delta x_2\rvert}{x_2}\right)$
$y=x^n$	$\pm\lvert nx^{n-1}\Delta x\rvert$	$\pm\left(n\frac{\lvert\Delta x_1\rvert}{x}\right)$
$y=\ln x$	$\pm\left\lvert\frac{\Delta x}{x}\right\rvert$	$\pm\frac{\lvert\Delta x\rvert}{x\ln x}$

(2) 间接测量结果的标准误差计算

若 $u=f(x,y)$，则 u 的标准误差为：

$$\sigma_u=\sqrt{\left(\frac{\partial u}{\partial x}\right)_y^2\sigma_x^2+\left(\frac{\partial u}{\partial y}\right)_x^2\sigma_y^2} \tag{1-3-7}$$

部分函数的标准误差计算公式列入表 1-3-2。

表 1-3-2 部分函数的标准误差计算公式

函数关系	绝对误差	相对误差
$y=x_1\pm x_2$	$\pm\sqrt{\sigma_{x_1}^2+\sigma_{x_2}^2}$	$\pm\frac{1}{x_1\pm x_2}\sqrt{\sigma_{x_1}^2+\sigma_{x_2}^2}$
$y=x_1x_2$	$\pm\sqrt{x_2^2\sigma_{x_1}^2+x_1^2\sigma_{x_2}^2}$	$\pm\sqrt{\frac{\sigma_{x_1}^2}{x_1^2}+\frac{\sigma_{x_2}^2}{x_2^2}}$
$y=x_1/x_2$	$\pm\frac{1}{x_2}\sqrt{\sigma_{x_1}^2+\frac{x_1^2}{x_2^2}\sigma_{x_2}^2}$	$\pm\sqrt{\frac{\sigma_{x_1}^2}{x_1^2}+\frac{\sigma_{x_2}^2}{x_2^2}}$
$y=x^n$	$\pm nx^{n-1}\sigma_x^2$	$\pm\frac{n}{x}\sigma_x$
$y=\ln x$	$\pm\frac{\sigma_x}{x}$	$\pm\frac{\sigma_x}{x\ln x}$

1.3.6 测量结果的正确记录和有效数字

实验中，对任一物理量的测定，其准确度都是有限的，实验者只能以某一近似值表示之。因此，测量数据的准确度不能超过测量所允许的范围。如果将近似值保留过多的位数，反而歪曲测量结果的真实性。有效数字的位数指明了测量准确的幅度，它包括测量中全部准确数字和最后一位估计数字。

有效数字的表示方法及运算规则如下。

(1) 有效数字的表示方法

① 误差一般只取一位有效数字，最多两位。

② 任何一个物理量的数据，其有效数字的最后一位在位数上应与误差的最后一位相一致。例如，用万分之一分析天平称量，将称量结果表示为：

(6.4321±0.0001)g，正确。

(6.43215±0.0001)g，不正确，夸大了结果的精确度。

(6.432±0.0001)g，不正确，缩小了结果的精确度。

③ 有效数字的位数越多，数值的精确度就越高，相对误差也就越小。例如：

(1.35±0.01)g，三位有效数字，相对误差0.7%。

(1.3500±0.0001)g，五位有效数字，相对误差0.007%。

④ 为了明确表示有效数字，凡用“0”表示小数点位置的，通常用乘10的指数幂表示。例如，0.00516应写成5.16×10^{-3}。对于16300这样的数，若实际测量只取三位有效数字，则应写成1.63×10^{4}；若实际测量取四位有效数字，则应写成1.630×10^{4}。

(2) 有效数字的运算规则

① 当数值的首位等于或大于8，则有效数字的总位数可多算一位。例如：8.47虽然只有三位，但在运算时可以当作四位有效数字。

② 在运算中舍弃多余的数字时，采用“四舍六入，逢五尾留双”的法则。即欲保留的末位有效数字其后面的第一位数字小于等于4时，则将其舍去；若大于等于6时，则进一位；若等于5时，如前一位为奇数，则加上1（即成“双”），如前一位为偶数，则弃去不计。例如，对32.0249取四位有效数字时，结果是32.02；取5位有效数字时，结果是32.025。若将32.015和32.025各取四位有效数字时，则都为32.02。

③ 在加减运算中，各数值小数点后所取的位数以其中小数点后位数最少者为准。例如，

$$0.23+12.245+1.5683=14.04$$

④ 在乘除运算中，各数保留的有效数字位数应以其中有效数字最少者为准。例如，

$$1.578\times0.00182\div81$$

其中81的有效数字位数最少，但由于首位是8，所以可以看成三位有效数字，其余两个数值也应保留三位，最后结果也只保留三位有效数字，即

$$1.578\times0.00182\div81=3.56\times10^{-3}$$

⑤ 对于复杂的计算，在运算未达到最后结果之前的中间各步，可多保留一位有效数字，以免多次使用取舍规则造成误差积累，但最后结果仍只保留应有的位数。

⑥ 在对数运算中，对数的首数不是有效数字，对数的尾数的位数应与各数值的有效数字位数相同。例如，$[H^+]=8.7\times10^{-11}\text{mol}\cdot\text{L}^{-1}$，则pH=10.06；$K=3.4\times10^{9}$，则$\lg K=9.35$。

⑦ 计算平均值时，对参与平均的数在四个或四个以上者，则平均值的有效数字位数可增加一位。

⑧ 计算式中的常数，如π、e、R、N及$\sqrt{2}$和一些取自手册的常数或单位换算系数等，取的有效数字位数应较式中各物理量测量值的有效数字位数多一位以上，以减少由于常数取值不当带来的误差。

1.4 物理化学实验数据的表示法

物理化学实验数据的表达方式主要有三种：列表法、作图法和方程式法。下面分别叙述这三种方法的应用及注意事项。

1.4.1 列表法

做完实验后，所获得的大量数据，应尽可能整齐、有规律地列表表达出来，使得全部数据一目了然，便于处理、运算，容易检查而减少差错。列表时，应注意以下几点：

① 每一个表都应有简明扼要的名称，使人一看即可知其内容；

② 在表的每一行或每一列的开头一栏，要详细地写出物理量的名称和单位，并把二者表示为相除的形式（表中列出的是一些纯数），如：$c/\mathrm{mol\cdot L^{-1}}$；

③ 数字要排列整齐，小数点要对齐，公共的乘方因子应写在开头一栏与物理量符号相乘的形式，如：$10^4\Lambda_{\mathrm{m}}^{\infty}/\mathrm{s\cdot m^2\cdot mol^{-1}}$；

④ 表格中表达的数据顺序为：由左到右，由自变量到因变量，可以将原始数据和处理结果列在同一表中。

1.4.2 作图法

(1) 作图法的应用

利用图形表达实验数据，能直观地显示出所研究的变量的变化规律，如极大值、极小值、转折点、周期性和变化速率等重要特性，并可从图上简便地找出各变量中间值，还便于数据的分析比较，确定经验方程式中的常数等等，其用处极为广泛，其中最重要的有：

① 求内插值。根据实验所得的数据，作出函数间相互的关系曲线，然后找出与某函数相应的物理量的数值。例如在溶解热的测定中，根据不同浓度时的积分溶解热曲线，可以直接找出某一种盐溶液在不同量的水中所放出的热量。

② 求外推值。在某些情况下，测量数据间的线性关系可外推至测量范围以外，求某一函数的极限值。例如，强电解质无限稀释溶液的摩尔电导率 $\Lambda_{\mathrm{m}}^{\infty}$ 的值，不能由实验直接测定，但可直接测定浓度很稀的溶液的摩尔电导率，然后作图外推至浓度为 0，即得无限稀释溶液的摩尔电导率。

③ 作切线求函数的偏微商。从曲线的斜率求函数的偏微商在物理化学实验数据处理中是经常应用的。例如，利用反应系统中某反应物浓度随时间的变化曲线作切线，其斜率即为某一时刻的反应速率。

④ 求经验方程式。从直线图形求出斜率和截距，以确定理论公式或经验关系中的常数，从而求出函数关系的具体数学方程式。对指数函数，可取其对数作图，则仍为线性关系。例如，反应速率常数 k 与活化能 E_{a}的关系式（阿仑尼乌斯公式）

$$k=A\mathrm{e}^{-E_{\mathrm{a}}/(RT)} \tag{1-4-1}$$

可两边取对数得到

$$\ln k=\ln A-\frac{E_{\mathrm{a}}}{RT} \tag{1-4-2}$$

从而使指数函数关系变换为线性函数关系，可作 $\ln k$-$1/T$ 图得一直线，从直线的斜率和截距求得活化能 E_{a}和碰撞频率因子 A 的数值。

⑤ 求面积计算相应的物理量。例如，在求电量时，只要以电流和时间作图，求出曲线

所包围的面积，即得电量的数值。

⑥ 求极值和转折点。函数的极大值、极小值和转折点，在图上表现得很直观。例如乙酸乙酯-乙醇双液系相图中确定最低恒沸点（极小值）和凝固点降低法测摩尔质量实验中从步冷曲线上确定凝固点（转折点）等。

（2）作图的步骤与规则

① 手工作图要用市售的正规坐标纸，并根据需要选用坐标纸种类。物理化学实验中一般用直角坐标纸，三组分相图要使用三角坐标纸。

② 图要有图名，如“$\ln p$-$1/T$ 图”“Λ-$\sqrt{c}$ 图”等。如果图不止一个，应予编号。

③ 在直角坐标中，一般以横轴代表自变量，纵轴代表因变量，在轴旁需注明变量的名称和单位（二者表示为相除的形式），10 的幂次以相乘的形式写在变量旁。

④ 适当选择坐标比例，以表达出全部有效数字为准，即最小的毫米格内表示有效数字的最后一位。每厘米格代表 1、2、5 为宜，切忌 3、7、9。如果作直线，应正确选择比例，使直线呈 45°倾斜为好。

⑤ 坐标原点不一定选在零，应使所作直线与曲线匀称地分布于图画中。在两条坐标轴上每隔 1cm 或 2cm 均匀地标上所代表的数值，而图中所描各点的具体坐标值不必标出。

⑥ 描点时，应用细铅笔将所描的点准确而清晰地标在其位置上，可用○、△、□、×等符号表示，符号总面积表示实验数据误差的大小，所以不应超过 1mm 格。同一图中表示不同曲线时，要用不同的符号描点，以示区别。

⑦ 作曲线要用曲线板，描出的曲线应平滑均匀，细而清晰，且尽量多地通过所描的点，对于不能通过的点，应使其等量地分布于曲线两边，且两边各点到曲线的距离之平方和要尽可能相等。

⑧ 图解微分：图解微分的关键是作曲线的切线，而后求出切线的斜率值。在曲线上作切线通常有两种做法。

a. 镜像法。如要作曲线上 O 点的切线（图 1-4-1），可取一块平面镜，垂直放在图纸上，使镜的边缘与曲线相交于该点。以 O 点为轴旋转平面镜，至图上曲线与其镜中的影像连成光滑的曲线时，沿镜面作直线即为 O 点的法线，过 O 点再作法线的垂线，就是曲线上 O 点的切线。

b. 平行线段法。在选择的曲线段上作两条平行线 AB 及 CD（图 1-4-2），然后连接 AB 和 CD 的中点 P、Q 并延长相交于曲线 O 点，过 O 点作 AB、CD 的平行线 EF，则 EF 就是曲线上 O 点的切线。

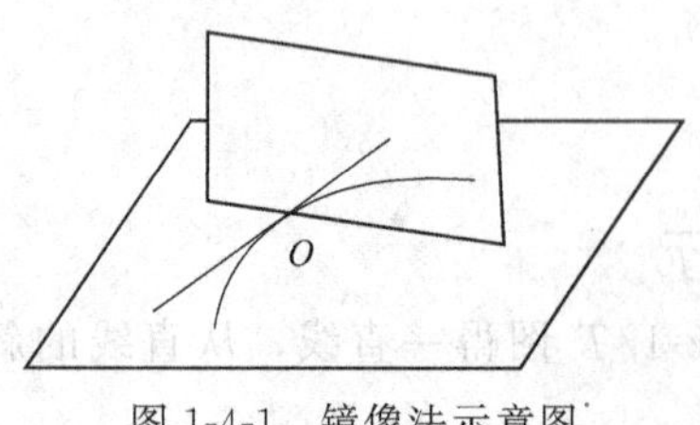

图 1-4-1　镜像法示意图

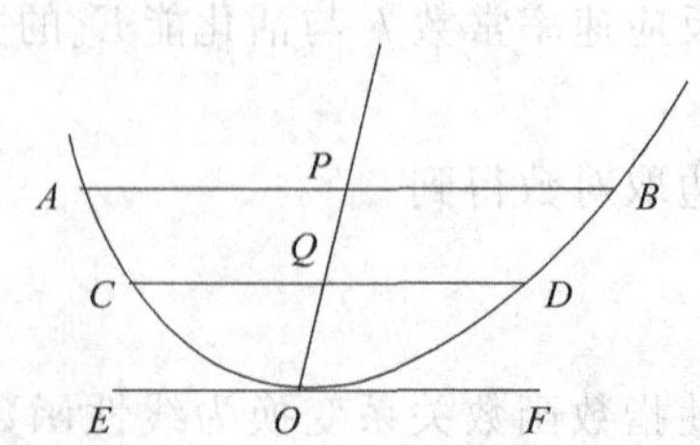

图 1-4-2　平行线段法示意图

1.4.3 方程式法

方程式法就是将实验中各变量的依赖关系用数学方程式（或经验方程式）的形式表达出来。此法不但简单明了，而且也便于求微分、积分和内插值。建立经验方程式的基本步骤：

① 将实验测定的数据加以整理与校正。

② 选出自变量和因变量并绘出曲线。

③ 由曲线的形状，根据解析几何的知识，判断曲线的类型。

④ 确定公式的形式，将曲线变换成直线关系或者选择常数将数据表达成多项式。

⑤ 用图解法、计算法来决定经验公式中的常数。

物理化学实验中用的最多的是线性方程，下面介绍线性方程：$y=kx+b$ 系数的求法。

(1) 图解法

在 x-y 直角坐标图纸上，用实验数据作图，得一直线，k，b 可用下列方法求出：

① 截距斜率法：将直线延长交于 y 轴，截距为 b（横坐标原点为零时），而直线与 x 轴的夹角为 θ，则 $k=\tan\theta$。

② 端值法：在直线两端选取两点（x_1，y_1）和（x_2，y_2），分别代入直线方程式，解此方程组，即得：

$$k=\frac{y_2-y_1}{x_2-x_1},\quad b=\frac{y_1x_2-y_2x_1}{x_2-x_1} \tag{1-4-3}$$

(2) 平均法

不用作图而直接由所测数据计算，设实验得到 n 组数值：（x_1，y_1），（x_2，y_2），…，（x_n，y_n）。代入直线方程式，得到 n 个直线方程：

$$\begin{aligned} y_1&=kx_1+b\\ y_2&=kx_2+b\\ &\vdots\\ y_n&=kx_n+b \end{aligned} \tag{1-4-4}$$

由于测定值各有偏差，若定义：$d_i=y_i-(kx_i+b)$　$i=1, 2, 3, \cdots, n$，式中，d_i 为 i 组数据的偏差。

平均法的基本思想是设经验方程偏差的代数和为零，即

$$\sum_{i=1}^{n}d_i=0 \tag{1-4-5}$$

将 n 个方程分成数目相等或接近相等的两组，并把各自偏差加和，得到两个方程：

$$\sum_{i=1}^{n}d_i=\sum_{i=1}^{n}y_i-\left(k\sum_{i=1}^{n}x_i+mb\right)=0 \tag{1-4-6}$$

$$\sum_{i=m+1}^{n}d_i=\sum_{i=m+1}^{n}y_i-\left[k\sum_{i=m+1}^{n}x_i+(n-m)b\right]=0 \tag{1-4-7}$$

解此方程组，可得 k 和 b 值。

(3) 最小二乘法

最小二乘法是最准确的处理方法，其依据是偏差的平方和为最小，即：

$$\Delta = \sum_{i=1}^{n} d_i^2 = \text{最小} \tag{1-4-8}$$

按上例可得

$$\Delta = \sum_{i=1}^{n} [y_i - (kx_i + b)^2] = \text{最小} \tag{1-4-9}$$

根据函数极值条件，则有

$$\frac{\partial \Delta}{\partial k} = 0, \frac{\partial \Delta}{\partial b} = 0 \tag{1-4-10}$$

由此可得式：

$$\frac{\partial \Delta}{\partial k} = 2\sum_{i=1}^{n} (b + kx_i - y_i) = 0 \tag{1-4-11}$$

$$\frac{\partial \Delta}{\partial b} = 2\sum_{i=1}^{n} x_i (b + kx_i - y_i) = 0 \tag{1-4-12}$$

即

$$b\sum_{i=1}^{n} x_i + k\sum_{i=1}^{n} x_i^2 - \sum_{i=1}^{n} x_i y_i = 0 \tag{1-4-13}$$

$$nb + k\sum_{i=1}^{n} x_i - \sum_{i=1}^{n} y_i = 0 \tag{1-4-14}$$

解此方程组，得：

$$k = \frac{n\sum_{i=1}^{n} x_i y_i - \sum_{i=1}^{n} x_i \sum_{i=1}^{n} y_i}{n\sum_{i=1}^{n} x_i^2 - \left(\sum_{i=1}^{n} x_i\right)^2} \tag{1-4-15}$$

$$b = \frac{\sum_{i=1}^{n} y_i \sum_{i=1}^{n} x_i^2 - \sum_{i=1}^{n} x_i \sum_{i=1}^{n} x_i y_i}{n\sum_{i=1}^{n} x_i^2 - \left(\sum_{i=1}^{n} x_i\right)^2} \tag{1-4-16}$$

此过程即为线性拟合或称线性回归。由此得出的 y 值称为最佳值。

总之，最小二乘法虽然计算比较麻烦，但结果最为准确。由于计算机的普及使用，此法已广泛应用。

1.5 物理化学实验数据的计算机处理

实验数据处理是物理化学实验中的一个重要环节，传统的方法是手工作图法。通过作图，获得直线的斜率、截距等数据，有时候需要进一步在手工绘出的曲线上作切线，求切线的斜率及曲线下的面积等。手工作图不仅费时费力，而且还会引入新的不确定性和误差，影响结果的真实性。

随着计算机技术的迅猛发展，计算机已在各行各业得到广泛应用。计算机处理数据为物理化学实验数据的处理和分析提供了方便快捷、准确可靠的新途径。目前，物理化学实验数据处理最常使用的是 Origin 软件。Origin 具有强大的数据处理和绘图功能，下面以“离子选择性电极的测试及应用”实验中工作曲线的作法为例说明 Origin 8.0 的最基本功能。

(1) 数据输入

Origin 数据输入有两种方式：一是直接输入，二是从文件导入。在物理化学实验中，数据多数由手工记录，故一般选用直接输入的方式输入数据。图 1-5-1 所示是 293 K 下 KCl 标准溶液的浓度 c(mol·L^{-1}) 及电动势 E(mV) 的数据。

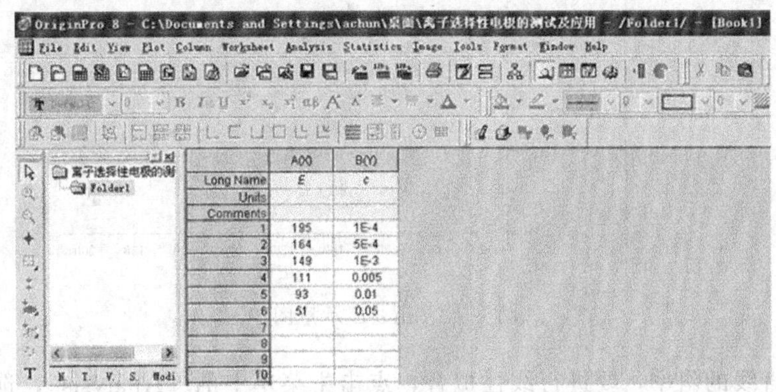

	A(X)	B(Y)
Long Name	E	c
Units		
Comments		
1	195	1E-4
2	164	5E-4
3	149	1E-3
4	111	0.005
5	93	0.01
6	51	0.05
7		
8		
9		
10		

图 1-5-1　293K 下 KCl 标准溶液的浓度 c 及电动势 E 的数据

(2) 数据处理

实验中需要做 ln$c$-E 工作曲线，因此输入的浓度原始数据需要变换成 ln$c$。在 B 列右侧添加一列 C（点击菜单栏的 Column，选择 Add new column）。右击 C 列，选中“Set Column Values”，在弹出的对话框的编辑栏内输入 ln(Col(B))（图 1-5-2），点击“OK”即可在 C 列显示出计算的数值（图 1-5-3）。

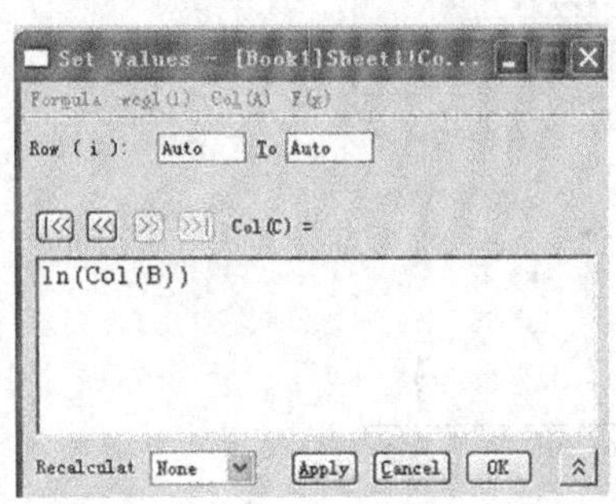

图 1-5-2　设置列值

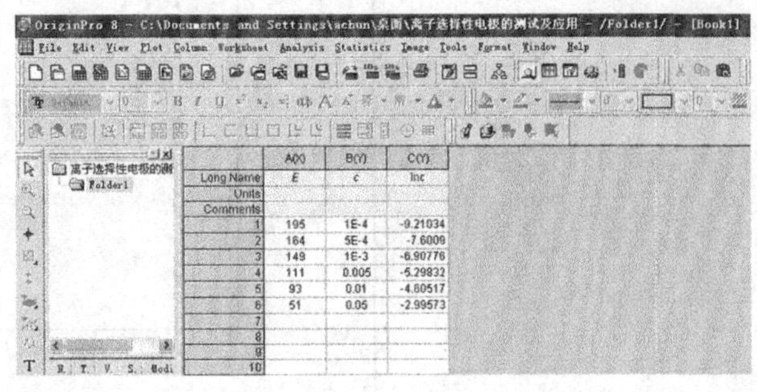

	A(X)	B(Y)	C(Y)
Long Name	E	c	lnc
Units			
Comments			
1	195	1E-4	-9.21034
2	164	5E-4	-7.6009
3	149	1E-3	-6.90776
4	111	0.005	-5.29832
5	93	0.01	-4.60517
6	51	0.05	-2.99573
7			
8			
9			
10			

图 1-5-3　增加了 C 列后计算的数据

(3) 绘图

以 ln c 为纵坐标，E 为横坐标，作 ln$c$-E 工作曲线。选中 A 列，按住“Ctrl”键选中 C 列，然后点击主菜单中的“Plot”项，选择所需作的线型，如选中“Symbol”菜单下的“Scatter”，即可画出 1-5-4 所示的图形，图的格式和横、纵坐标等信息均可以进行编辑。

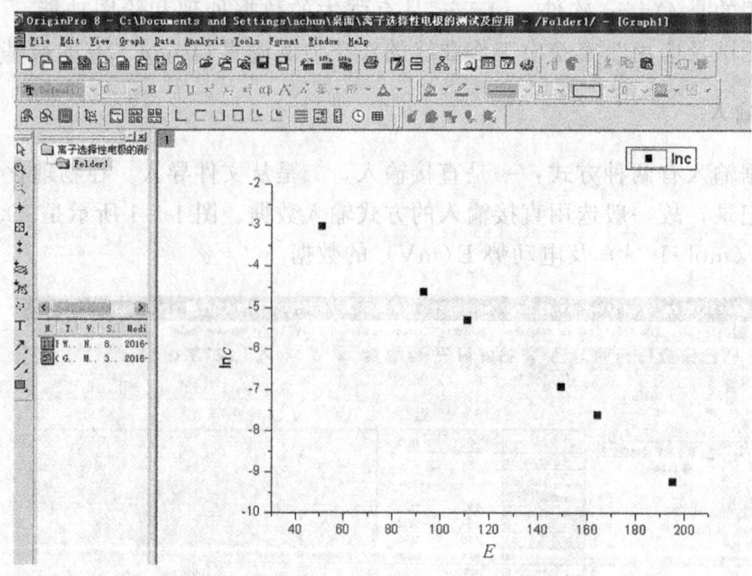

图 1-5-4　ln *c*-*E* 示意图

为了求得直线的斜率，要进行线性拟合，点击主菜单上的“Analysis”，选择“Fitting”菜单下的“Fitting linear”，得到图 1-5-5。从图中可以看出拟合曲线的斜率为－0.04277，截距为－0.66473。

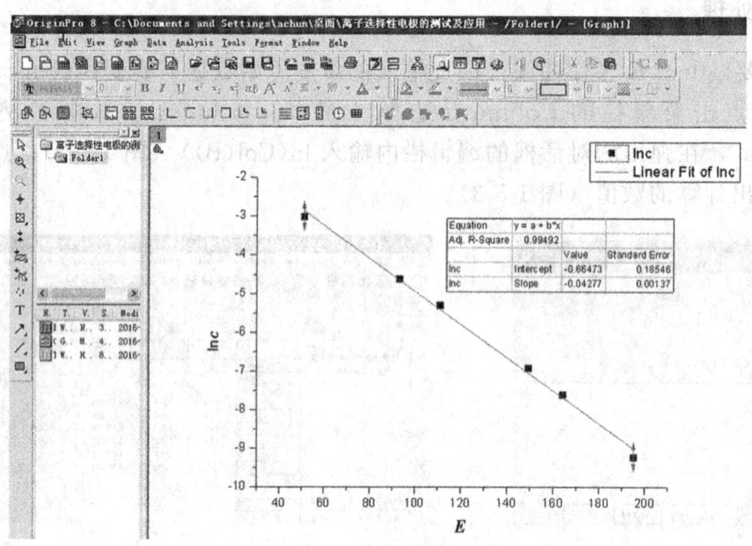

图 1-5-5　ln *c*-*E* 线性拟合结果图

第2部分 实验

2.1 热力学

实验1 温度的测量与控制

【实验目的】

1. 了解水银温度计、贝克曼温度计和电接点温度计等几种温度计的用法。

2. 掌握恒温槽的工作原理和测量恒温槽灵敏度的方法；绘制恒温槽的灵敏度曲线，学会分析恒温槽的性能。

【实验原理】

物质的物理性质和化学性质，如燃烧热、密度、蒸气压、平衡常数、电动势、电导率、化学反应速率常数等都与温度有关。许多实验不仅要测定温度，而且需要精确控制温度。测定温度需要选用适当的温度计，而温度控制需要用到控温仪。

下面介绍几种常用的温度计和常用的控温仪：恒温槽。

1. 各类温度计

(1) 水银温度计

水银温度计是实验室常用的温度计。它的结构简单，价格低廉，具有较高的精确度，使用方便；但是易损坏，损坏后无法修理。水银温度计的使用范围为 238.15～633.15K（水银的熔点为 234.45K，沸点为 629.85K）。常用的水银温度计刻度间隔有：2K、1K、0.5K、0.2K、0.1K 等，可根据测定精度选择温度计。

水银温度计使用时需要进行校正。

① 水银柱露出液柱的校正。以浸入深度来区分，水银温度计有“全浸”和“非全浸”两种。对于全浸式温度计，使用时要求整个水银柱的温度与贮液泡的温度相同，如果两者温度不同，就需要进行校正；对于非全浸式温度计，温度计上刻有一浸入线，表示测温时规定浸入深度。即标线以下的水银柱温度应与贮液泡相同，标线以上的水银柱温度应与检定时相同。测温时小于或大于这一浸入深度，或标线以上的水银柱温度与检定时不一样，就需要校正，这两种校正统称露出液柱校正。校正公式如下：

$$\Delta T = Kn(T_{测} - T_{环}) \tag{2-1-1}$$

式中，ΔT 为读数校正值，$\Delta T = T - T_{测}$；$T_{测}$ 为温度的读数值；T 为温度的正确值；

$T_{环}$为露出待测系统外水银柱的有效温度（从放置在露出一半位置处的另一温度计读出，见图 2-1-1）；K 为水银的视膨胀系数（水银对于玻璃的视膨胀系数为 0.00016）；n 为露出待测系统外的水银柱读数，称为露径高度，以温度差值表示。

② 读数校正。以纯物质的熔点或沸点作为标准进行校正。以标准水银温度计为标准，与待测温度计同时测定某一体系的温度，将对应值一一记录，作出校正曲线。标准水银温度计由多支温度计组成，各支温度计的测量范围不同，交叉组成－5～360℃范围，每支都经过计量部门的鉴定，读数准确。

（2）贝克曼温度计

贝克曼（Beckmann）温度计是一种用来精密测量温差的水银温度计，其结构如图 2-1-2 所示，其测量范围为－20～150℃，一般只有 5℃量程。

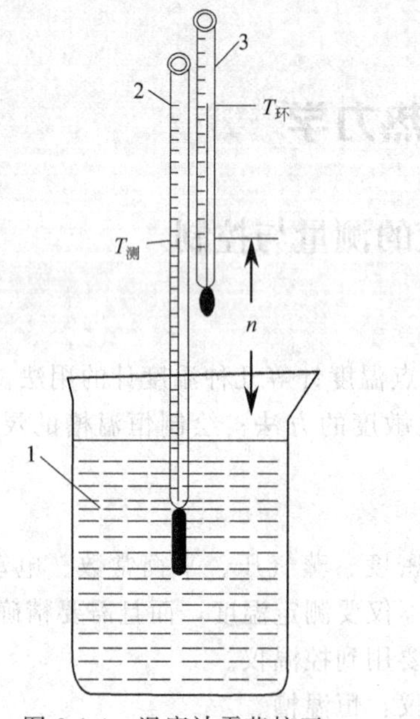

图 2-1-1 温度计露茎校正

1—被测体系；2—测量温度计；3—辅助温度计

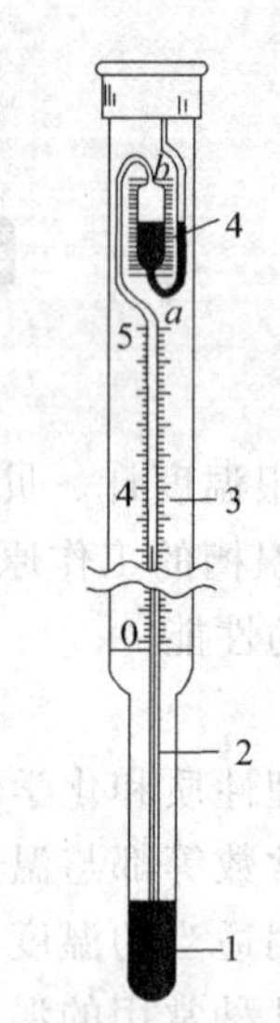

图 2-1-2 贝克曼温度计结构示意图

1—水银球；2—毛细管；3—刻度标尺；4—水银贮槽；a—最高刻度；b—毛细末端；

其主要特点如下：

① 刻度精细。刻度标尺间隔为 0.01℃，用放大镜可以估读至 0.002℃，因此测量精密度较高。

② 温差测量。由于水银球中的水银量是可变的，因此水银柱的刻度值不是温度的绝对读数，只能在 0～5℃量程范围内读出温度差 ΔT。

③ 适用范围较大。可在－20～120℃范围内使用。这是因为在它的毛细管末端 b 装有一个辅助水银贮槽，可用来调节水银球中的水银量，因此可以在不同温度范围内使用。例如，在量热技术中，可用于冰点降低、沸点升高及燃烧热等测量工作中。

贝克曼温度计的使用方法见附录 1 仪器 1。

（3）电接点温度计

电接点温度计是一种可以导电的温度计，又称导电表。可以在某一温度点上接通或断开，与电子继电器等装置配套，可以用来控制温度。

2. 恒温槽

实验室常用恒温槽来控制温度，它是以某种液体为介质的恒温装置，依靠温度控制器自动调节其热平衡。

恒温槽一般是由浴槽、搅拌器、加热器、电接点温度计、继电器和温度计等部分组成，其结构示意如图 2-1-3 所示。

被测量的体系放在浴槽中，当浴槽的温度高于设定的温度时，电接点温度计毛细管中的水银柱上升，与金属丝接触，两电极导通，此时温度控制器内部的继电器线圈上的电流断开，加热器停止加热；当温度降低时，水银柱与金属丝断开，继电器线圈中通过电流，使加热器线路接通，温度又回升。如此不断反复使恒温槽控制在一个微小的温度区间内波动，从而达到恒温目的。

恒温槽的温度控制装置属于“通”、“断”类型。加热器可以对传热介质加热，并将热量传递给接触的温度计（电接点温度计）。由于传质和传热都需要一定时间，因此会出现温度传递的滞后现象。即当接触温度计的水银触及金属丝时，实际上电热器附近的水温已超过了指定温度，因此，恒温槽温度必高于指定温度。同理，降温时也会出现滞后现象。由此可知，恒温槽控制的温度有一个波动范围，而不是控制在某一固定不变的温度。灵敏度是衡量恒温槽性能的主要标志。恒温槽的灵敏度除与感温元件、电子继电器有关外，还受搅拌器的效率和加热器的功率等因素的影响。控制温度的波动范围越小，各处的温度越均匀，恒温槽的灵敏度越高。

恒温槽的灵敏度 ΔT 与最高温度 T_1、最低温度 T_2 的关系为：

$$\Delta T = \pm \frac{T_1 - T_2}{2}$$

灵敏度常以温度为纵坐标，时间为横坐标，绘制成温度(T) - 时间(t) 曲线来表示，如图 2-1-4。

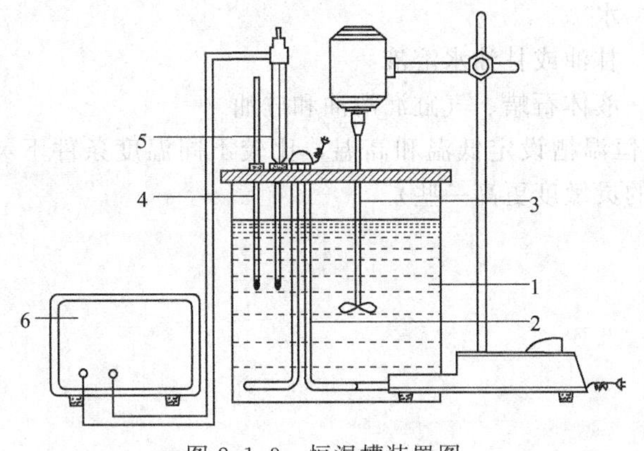

图 2-1-3 恒温槽装置图

1—浴槽；2—电热丝；3— 搅拌器；4—温度计；5—电接点温度计；6— 继电器

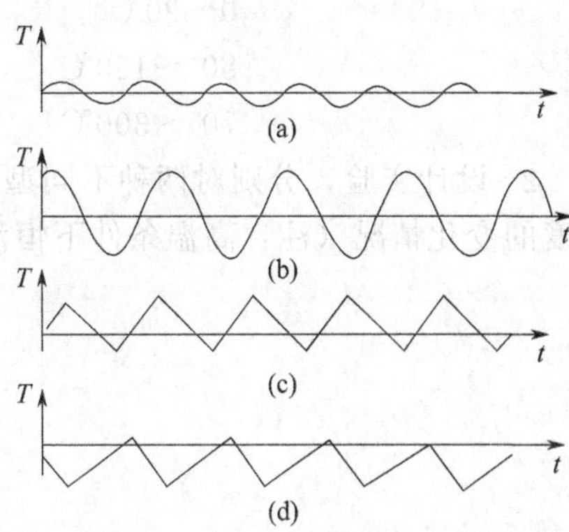

图 2-1-4 灵敏度曲线

图 2-1-4（a）表示恒温槽灵敏度较高；（b）表示灵敏度较差；（c）表示加热器功率太小；（d）表示加热器功率太小或散热太快。

【仪器与试剂】

水银温度计（0～100℃）1 支；贝克曼温度计 1 支；贝克曼数字温度计 1 台；恒温槽 1 台；秒表 1 个。

蒸馏水。

【实验步骤】

1. 将蒸馏水注入浴槽至容积的 2/3 处，将恒温槽打开预热 10min。

2. 将恒温槽控制面板上的预设温度设定为（30±0.1)℃。

3. 测定恒温槽的灵敏度。

待恒温槽温度恒定在（30±0.1)℃时，用秒表每隔 10s 记录一次温度读数，持续测定 30min。

【数据处理】

1. 设计表格，记录测定的实验数据。

2. 以时间为横坐标，温度为纵坐标，绘制温度-时间曲线；取最高点与最低点温度计算恒温槽的灵敏度 ΔT。

【注意事项】

1. 恒温槽开启前检查浴槽内有无蒸馏水。

2. 注意恒温槽循环水的进水口和出水口是否连接成回路。

【思考题】

1. 恒温槽主要由哪几个部分组成的？各部分的作用是什么？

2. 影响恒温槽灵敏度的主要因素有哪些？

3. 欲提高恒温槽的控温精确度，应采取哪些措施？

【扩展实验】

1. 恒温槽是实验室中常用的一种以液体为介质的恒温装置，用液体作介质的优点是热容量大，导热性能好，能使温度控制的稳定性和灵敏度大为提高。

根据温度的控制范围可选用下列液体介质：

－60～30℃	乙醇或乙醇水溶液
0～90℃	水
80 ～160℃	甘油或甘油水溶液
70 ～300℃	液体石蜡、气缸润滑油和硅油

2. 设计实验，分别对两种不同型号的恒温槽设定低温和高温，比较不同温度条件下灵敏度的变化情况（注：高温条件下恒温槽的灵敏度更高一些）。

实验2 燃烧热的测定

【实验目的】

1. 通过测定蔗糖的燃烧热，掌握有关热化学实验的一般知识和测定技术。
2. 掌握氧弹量热计的原理、构造和使用方法。
3. 掌握高压钢瓶的有关知识并能正确使用。

【实验原理】

燃烧热是指在一定温度和压力下，1mol 可燃物质完全氧化为指定产物时的热效应。燃烧产物指定为：碳变为 CO_2 (g)，硫变为 SO_2 (g)，氢变为 H_2O(l)，氮变为 N_2 (g)，氯变为 HCl(aq)，其他元素呈游离状态或变成氧化物。

燃烧热是热化学中重要的基础数据，可用于计算生成热、反应热和评价燃料的热值，食品的发热量也可由它们的燃烧热求得。这些数据不仅在判断反应过程的方向性、解决相平衡等问题中是不可缺少的，而且为燃料能量的合理利用及人们的科学饮食等提供了重要依据。

量热法是热力学的一种基本实验方法。在等容或等压条件下可以分别测得等容燃烧热 Q_V 和等压燃烧热 Q_p。由热力学第一定律可知，在不做非膨胀功的情况下，Q_V 等于系统热力学能变化 ΔU；Q_p 等于其焓变 ΔH。若把参加反应的气体和反应生成的气体都作为理想气体处理，则它们之间存在如下关系：

$$\Delta H = \Delta U + \Delta(pV) \tag{2-2-1}$$

$$Q_p = Q_V + \Delta nRT \tag{2-2-2}$$

式中，Δn 为产物和反应物中气体的物质的量之差；R 为摩尔气体常数；T 为反应时的热力学温度。

实验室测定燃烧热通常使用环境恒温式氧弹量热计，该仪器在热化学、生物化学及某些工业部门中被广泛应用。氧弹量热计的基本原理是能量守恒定律：样品燃烧放出的热量与周围环境吸收的热量相等。通过测量介质燃烧前后温度的变化值，就可求算出等容燃烧热，其关系式如下：

$$\frac{m}{M}Q_{V,m} + Q_{燃} = -K\Delta T \tag{2-2-3}$$

式中，负号表示系统放出热量；m 为待测样品的质量；M 为待测样品的摩尔质量；$Q_{V,m}$ 为等容摩尔燃烧热；$Q_{燃}$ 为燃烧丝燃烧放出的热量；K 为样品燃烧放热使水及仪器每升高 1℃ 所需的热量，称为水当量，其值可通过测定已知燃烧热的物质（如苯甲酸）燃烧时水的温度变化 ΔT 求得。对于不同样品，只要每次实验使用水的量相同，水当量就是定值。

氧弹量热计的构造见图 2-2-1，内筒以内为本实验研究的系统，系统与环境以空气层绝热。内筒下方用热绝缘的支角架起，上方盖有热绝缘的板，以减少对流和蒸发，为了减少热辐射和控制环境温度稳定，外筒有绝热层。氧弹的构造见图 2-2-2。

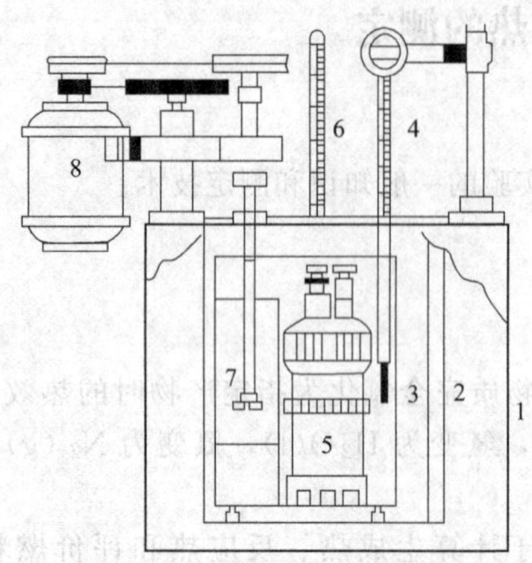

图 2-2-1　氧弹量热计的构造

1—恒温夹套（外筒）；2—挡板；3—盛水桶（内筒）；4—温差测量仪探头；5—氧弹；6—温度计；7—搅拌器；8—电机

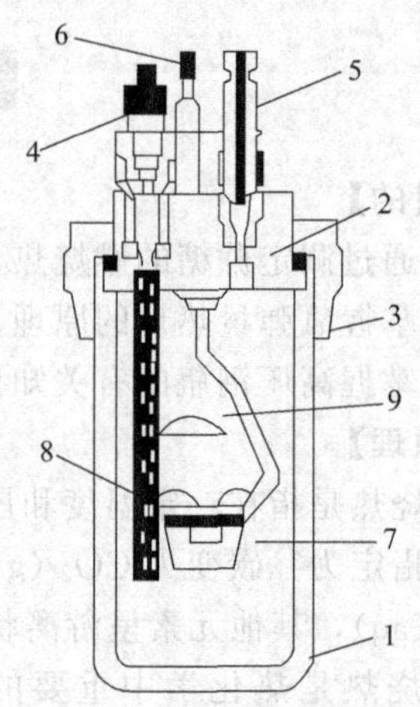

图 2-2-2　氧弹的构造

1—弹体；2—弹盖；3— 螺母；4—充气孔；5—排气孔；6—电极；7—燃烧皿；8—另一电极（同时也是进气管）；9—燃烧挡板

实际上，量热计与周围环境的热交换无法完全避免，因此不能准确地直接测出初温和最高温度，需要通过温度-时间曲线（即雷诺曲线）进行确定。具体方法为：将样品燃烧前后所得的一系列水的温度对时间作图，得如图 2-2-3 或图 2-2-4 所示曲线。图中 a 点为开始记录数据的点，d 点为停止记录数据的点，b 点表示燃烧开始，热量传入介质，c 点为观察到的最高温度值。从相当于室温的点作水平线交曲线于点 O，过 O 点作垂线 AB，再将 ab 线和 cd 线延长并交 AB 线于 E、F 两点，其间的温度差值即为经过校正的 ΔT。图中 EE'为开始燃烧到温度上升至室温这段时间 Δt_1 内，由环境辐射和搅拌引进的能量所造成的升温，故应予扣除；FF'为由室温升高到最高点 c 这段时间 Δt_2 内，量热计向环境的热漏造成的温度降低，计算时必须考虑在内。故可认为，EF 两点的差值较客观地表示了样品燃烧引起的升温数值。

在某些情况下，量热计的绝热性能良好，热漏很小，而搅拌器的功率较大，不断引进的能量使得曲线不出现最高温度点，如图 2-2-4 所示。这种情况下可按同样的方法校正。

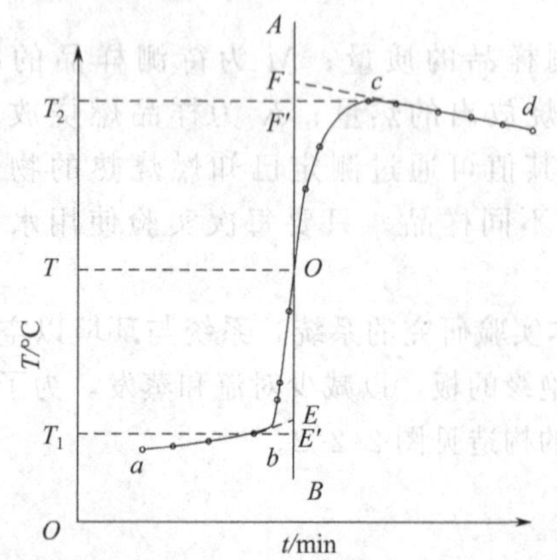

图 2-2-3　绝热较差时的雷诺校正图

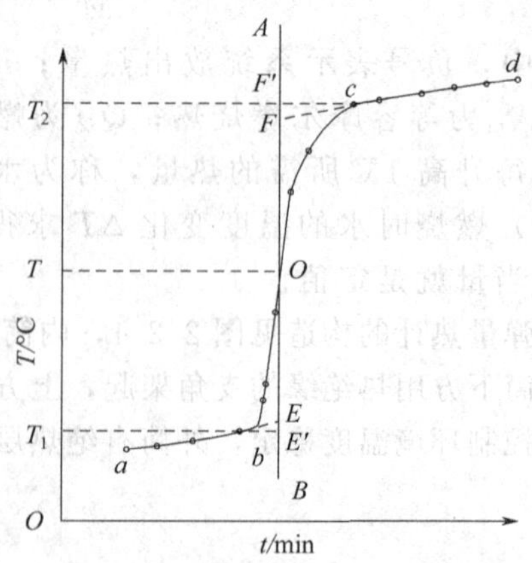

图 2-2-4　绝热良好时的雷诺校正图

【仪器与试剂】

氧弹量热计1台；计算机及燃烧热测量软件1套；分析天平（精度0.0001g）1台；台秤1台；容量瓶（1000mL，500mL各1个）；量筒（10mL）1个；药匙1个；温度计（0～50℃）1支；氧气钢瓶（附减压阀）1个；压片机1台；数字温差测量仪1台；万用表1台。

燃烧丝；苯甲酸（A.R.）；蔗糖（A.R.）。

【实验步骤】

1. 水当量的测定

(1) 仪器清理　将量热计及其全部附件检查整理，并擦洗干净，通电预热。

(2) 样品压片　用台秤称取苯甲酸0.7～0.8g，取约10cm长的燃烧丝一根，用分析天平准确称量燃烧丝的质量，将燃烧丝折成"Ω"形，并把样品和燃烧丝在压片机中压片，去除未压紧的样品，用分析天平准确称量压片后的质量，计算出样品的质量。

(3) 氧弹充氧　将样品小心挂在氧弹的燃烧皿中，燃烧丝两端紧缠于两电极上，在氧弹中加入10mL蒸馏水，盖好氧弹盖并旋紧。用万用表检查两电极间的电阻值，一般电阻应不大于20Ω。若导通良好，将氧弹与氧气钢瓶上的减压阀连接（氧气钢瓶的使用方法见附录1仪器4)，充入1MPa氧气。再次检查两电极间的电阻值，应与充氧前基本相同，否则需要检查原因。

(4) 测定水当量　将氧弹放入内筒中，用容量瓶量取自来水2500mL于内筒中，如有气泡逸出，表明氧弹漏气，需要查找漏气原因并排除。把点火电极插头插在氧弹的两电极上，将数字温差测量仪探头插入水中，开动搅拌马达。打开燃烧热的测定程序，数据采集时间间隔设定为5～10s，待温度读数基本稳定后点击开始绘图（雷诺曲线图），记录5～10min，开启"点火"按钮，当温度明显升高时，说明点火成功。当温度升高至最高点后，继续记录5～10min后停止绘图，保存数据和图像。

停止搅拌，取出数字温差测量仪探头和氧弹，放出余气。打开氧弹盖，检查样品燃烧是否完全，氧弹中若没有明显的燃烧残渣，则表示燃烧完全。若发现黑色残渣，则应重做实验。用分析天平准确称量燃烧后剩下的燃烧丝质量，计算出燃烧丝实际燃烧的质量，待数据处理时使用。最后擦干氧弹和内筒。

2. 测量蔗糖的燃烧热

称取蔗糖0.9～1.0g，重复上述步骤测定之。

【数据处理】

1. 水当量的求算

对苯甲酸燃烧的雷诺曲线进行校正，按程序要求输入苯甲酸的质量和燃烧热、燃烧丝的质量和燃烧热等数据，求出水当量的值，保存结果并打印。已知298K时苯甲酸的$Q_{p,\mathrm{m}}=-3226.9\mathrm{kJ\cdot mol^{-1}}$，$Q_{铁丝}=-6695\mathrm{J\cdot g^{-1}}$，$Q_{镍铬丝}=-1400\mathrm{J\cdot g^{-1}}$。

2. 蔗糖燃烧热的求算

对蔗糖燃烧的雷诺曲线进行校正，输入水当量的值、蔗糖的质量、燃烧丝的质量和燃烧热、Δn等数值，求出蔗糖的燃烧热（$Q_{p,\mathrm{m}}$）。保存结果并打印。

3. 将实验结果和文献值对比，计算相对误差，并进行误差分析。常见有机物的摩尔燃烧热见附表6。

【注意事项】

1. 内筒中加一定体积水后若有气泡逸出，说明氧弹漏气，要设法排除。

2. 搅拌时不得有摩擦声。

3. 往内筒中加水时，应注意避免溅湿氧弹的电极，使其短路。

4. 燃烧蔗糖样品时，内筒中的水要更换，水量要与燃烧苯甲酸时一致。

5. 氧气瓶在开总阀前要检查减压阀是否关好；实验结束后要关上钢瓶总阀，注意排尽余气，使指针回零。

【思考题】

1. 在本实验中哪部分是系统？哪部分是环境？系统和环境通过哪些途径进行热交换？这些热交换对结果影响怎样？如何进行校正？

2. 固体样品为什么要压成片状？

3. 搅拌太慢或太快有何影响？

4. 使用氧气钢瓶要注意哪些问题？

【扩展实验】

1. 氧弹中少量氮气引入误差的校正

氧弹量热计作为较精确的经典实验仪器，在生产实际中广泛用于测定可燃物的热值。一般实验中，氮气的燃烧值可以忽略不计，在精确测定中，需对氧弹中所含氮气的燃烧值作校正。方法如下：以 $0.0100\text{mol}\cdot\text{L}^{-1}$ 的 NaOH 溶液标定氧弹内的蒸馏水，每毫升碱液相当于 5.983J 热值，这部分热应从总燃烧热中扣除。

2. 设计实验测定液体样品的燃烧热

本实验装置可用来测定可燃液体样品的燃烧热，将可燃液体样品装入已经预先标定燃烧热的药用胶囊中，然后进行测定燃烧热的操作，扣除胶囊的燃烧热后即可求出液体样品的燃烧热。

注：设计实验时，燃烧样品的量可通过其完全燃烧后使水温升高 1.5～2℃估算确定。

3. 设计实验，测定某生产企业所购原材料煤的燃烧热

测定煤样的燃烧热，比较不同煤样放热量的大小，为企业的原材料购买提供一定的指导。

实验3 溶解热的测定

实验 3-1 测温量热法

【实验目的】

1. 掌握测温量热法的基本原理和测量方法。

2. 用量热法测定 KNO_3 在水中的积分溶解热。

3. 学习绘制温度校正图，找出真实的温差 ΔT。

【实验原理】

溶质溶于溶剂时，是有热效应产生的。例如，硫酸溶于水时，会放出大量热，而 KNO_3 溶于水中时，会吸收热量。在定温、定压下，一定量的溶质溶解于一定量的溶剂中所产生的热效应，称为该物质的溶解热。溶解热分为积分溶解热和微分溶解热。积分溶解热即在等温等压条件下，1mol 溶质溶解在一定量溶剂中形成某指定浓度的溶液时的焓变，以 $\Delta_{sol}H$ 表示，其热值可通过实验直接测定；微分溶解热是等温等压条件下，1mol 溶质溶解于某一定浓度的无限量的溶液中所产生的热效应，即定温、定压、定溶剂状态下，由微小的溶质增量所引起的热量变化。

稀释热是指溶剂加到溶液中，使之稀释过程中的热效应。它也有积分稀释热和微分稀释热两种。积分稀释热是指在定温定压下，在含有 1mol 溶质的溶液中加入一定量的溶剂使之稀释成另一浓度的过程中的热效应；微分稀释热是指将 1mol 溶剂加到某一浓度的无限量的溶液中所产生的热效应，即定温、定压、定溶质状态下，由微小的溶剂增量所引起的热量变化。

设纯溶剂、纯溶质的摩尔焓分别为 $H_{m,1}^{*}$ 和 $H_{m,2}^{*}$，溶液中溶剂和溶质的偏摩尔焓分别为 $H_{m,1}$ 和 $H_{m,2}$，对于由 n_1 mol 溶剂和 n_2 mol 溶质组成的体系，溶解前，体系的总焓为：

$$H = n_1 H_{m,1}^{*} + n_2 H_{m,2}^{*} \tag{2-3-1}$$

溶解后，体系的总焓为：

$$H' = n_1 H_{m,1} + n_2 H_{m,2} \tag{2-3-2}$$

因此，溶解过程的热效应为：

$$\Delta H = n_1(H_{m,1} - H_{m,1}^{*}) + n_2(H_{m,2} - H_{m,2}^{*}) = n_1\Delta H_1 + n_2\Delta H_2 \tag{2-3-3}$$

在无限量溶液中加入 1mol 溶质，式（2-3-3）中第一项可认为不变，在此条件下所产生的热效应为式（2-3-3）第二项中的 ΔH_2，即微分溶解热。同理，在无限量溶液中加入 1mol 溶剂，式（2-3-3）第二项可认为不变，在此条件下所产生的热效应为式（2-3-3）第一项中的 ΔH_1，即微分稀释热。

根据积分溶解热的定义，有：

$$\Delta_{sol}H = \frac{\Delta H}{n_2} \tag{2-3-4}$$

将式（2-3-3）代入，可得：

$$\Delta_{sol}H = \frac{n_1}{n_2}\Delta H_1 + \Delta H_2 = n_0\Delta H_1 + \Delta H_2 \tag{2-3-5}$$

式中，$n_0 = \frac{n_1}{n_2}$。根据实验数据，可绘制出 $\Delta_{sol}H$-n_0 曲线，如图 2-3-1 所示，其他三种

热效应可由 $\Delta_{sol}H\text{-}n_0$ 曲线求得。在 $\Delta_{sol}H\text{-}n_0$ 曲线上，对一个指定的 n_{01}，其微分稀释热为曲线在该点的切线斜率，即图 2-3-1 中的 AD/CD。组成为 n_{02} 和 n_{01} 处积分溶解热之差为积分稀释热，n_{01} 处的微分溶解热为该切线在纵坐标上的截距，即图 2-3-1 中的 OC。

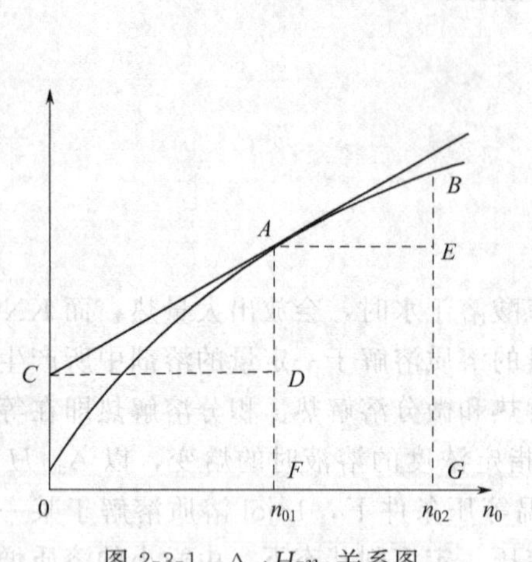

图 2-3-1 $\Delta_{sol}H\text{-}n_0$ 关系图

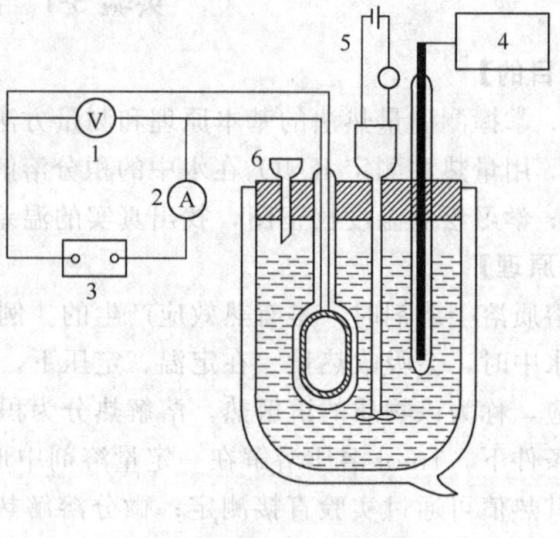

图 2-3-2 量热计示意图

1—直流伏特计；2—直流毫安表；3—直流稳压电源；4—测温部件；5—搅拌器；6—漏斗

量热法测定积分溶解热，通常是在绝热的量热计中进行。测定装置示意图见图 2-3-2。基本公式为：

$$\Delta H = C\Delta T \tag{2-3-6}$$

式中，C 为量热系统的热容，量热系统包括杜瓦瓶内壁、溶剂、溶质、搅拌器、测温探头、加热器等；ΔT 为溶解过程中系统的温度改变值，由实验测定。C 值用一个已知积分溶解热的标准物质进行测定。将标准物质在热量计中进行溶解，测出溶解前后系统的温度变化 $\Delta T_{标}$，则量热系统的热容为：

$$C = \frac{m_{标}\ \Delta H_{标}}{M_{标}\ \Delta T_{标}} \tag{2-3-7}$$

式中，$m_{标}$ 为标准物质的质量；$M_{标}$ 为标准物质的摩尔质量；$\Delta H_{标}$ 为标准物质的积分溶解热。待测物质的积分溶解热 $\Delta_{sol}H$ 为：

$$\Delta_{sol}H = \frac{CM\Delta T}{m} \tag{2-3-8}$$

式中，m 为待测物质的质量；M 为待测物质的摩尔质量；ΔT 为待测物质溶解前后量热系统的温度变化值。

【仪器与试剂】

量热计 1 套；数字温度温差仪 1 台；秒表 1 个；500mL 杜瓦瓶 1 个；分析天平 1 台。

硝酸钾（A. R.）；氯化钾（A. R.）。

【实验步骤】

1. 量热系统热容 C 的测定

（1）选氯化钾作为标准物质，根据 1mol 氯化钾溶于 200mL 水中的溶解热数据（见附表 8），计算出溶解在 450mL 水中所需氯化钾的量，称取氯化钾样品，待用。

（2）将量热计的杜瓦瓶洗干净，装入 450mL 蒸馏水，插入温差仪的探头，放入磁子，打开电磁搅拌器，使磁子转动，速度不宜过快，待温度稳定后，每分钟读数一次，连读 8 次，打开盖子，迅速倒入称好的氯化钾样品，温度稳定后，读取杜瓦瓶中溶液的温度。

2. 硝酸钾溶解热的测定

向 450mL 蒸馏水中分别加入 2g、3g、4g、5g、6g 左右硝酸钾（用分析天平准确称量），重复以上操作，测定硝酸钾在不同浓度的积分溶解热。

【数据处理】

1. 分别绘制氯化钾和硝酸钾的温度-时间曲线，求真实温差 ΔT。

由于量热计不是严格的绝热系统，溶解过程中系统与环境有微小的热交换，磁子转动也会产生热量，应采用雷诺曲线图解法对 ΔT 进行温度校正，方法见燃烧热测定实验（实验 2）中的图 2-2-3。

2. 按式（2-3-7）计算量热系统的热容 C。

3. 按式（2-3-8）计算硝酸钾的积分溶解热，并与附表 7 中的数据进行比较，分析误差产生的原因。

【注意事项】

1. 插入测温探头时，要注意探头插入的深度，防止转子和测温探头相碰，影响搅拌。

2. 样品要先研细，以确保其充分溶解。

3. 固体 KNO_3 易吸水，称量和加样应迅速。

【思考题】

1. 积分溶解热与哪些因素有关？

2. 本实验如何测定量热体系的总热容？

【扩展实验】

1. 设计实验，研究 KNO_3 晶体粒径的大小对积分溶解热的影响。

2. 利用本实验的原理，还可以测定反应的焓变及纯物质的生成焓（设计适当的反应途径）。

如：测定 NaOH 与 HCl 中和反应的焓变。

提示：利用 KCl 在水中的溶解热，由温度的改变测出量热系统的热容，再由 NaOH 溶液与 HCl 溶液反应得到的温度升高值计算中和反应焓变。

实验 3-2　微量量热法

【实验目的】

1. 掌握微量量热法测定溶解焓的基本原理和测量方法。

2. 用微量量热法测定 KNO_3 在水中的积分溶解热。

【实验原理】

溶解热是重要的物理化学参数，准确测定溶解热可以为化学工程设计提供可靠的热参数，不论在实践中，还是在理论上都具有极其重要的意义。如：固体药物被生物体吸收前首先溶解，其溶解是吸热还是放热对溶出有较大影响，特别是对溶解速率影响尤为明显，溶解热与药物的结晶形式也有关。

溶解热较小的物质采用微量量热法能够更精确地测量溶解过程的热效应。本实验采用 RD496 微热量热计测量溶解焓。RD496 微热量热计是根据 Tian-Calvet 原理构成的示差热导式热流计，主要包括炉体、测控仪和联机电脑三部分。量热过程是在精密恒温控制器控制系统温度下，将性能严格保持一致的样品池和参比池的热流计示差连接，对称放置于精密恒温的均热块中，量热过程中，热流计的示差信号经微伏放大器放大后送往计算机接口进行采样和数据处理。

该仪器有极高的灵敏度，能检测微瓦级热流，即：相当于 10^{-6} ℃的温差。仪器有良好的稳定性和复现性；实验温度范围较宽，为－196～＋200℃，能较快地达到热平衡状态；仪器有良好的密封性，能非常逼真地、连续地记录各种物理化学过程中的热效应。

【仪器与试剂】

RD496 微热量热计 1 套；分析天平 1 台；100mL 容量瓶 5 个。

硝酸钾（A. R.）；氯化钾（A. R.）。

【实验步骤】

1. 仪器灵敏度的标定

(1) 依次打开电脑、测控仪总电源和加热开关。

(2) 双击桌面上“CK2000 微热量计”的快捷方式图标，打开主控软件，单击主菜单“控温”按钮，设置实验温度，单击中下方的“控温”按钮，右边的“控温”灯同时点亮。

(3) 用已知溶解热的 KCl 作标准物质。在半池中装入准确称量的 KCl 40～60mg，根据 KCl 的浓度计算需要加入水的量，在标准池的下方准确加入水，然后把半池装入标准池，依次安装上盖和推杆（作测量池）。在另一标准池下方装入同样多的水，按相同方法装入半池、上盖和推杆（作参比池）。

(4) 把装好的测量池和参比池分别垂直装入量热计的测量和参比通道中。

(5) 单击“标定”按钮，选择“化学标定”，输入已知的标准物质的反应热值，根据反应热大小、基线的稳定性和精度要求确定“开始”与“结束”的阈值。

(6) 待基线稳定后，单击开始标定按钮，然后测量池和参比池同时捅样，小反应池脱落，上下两部分反应物互相混合，反应开始。仪器自动记录反应的热谱曲线，当热电堆输出值小于停止阈值时，标定结束，仪器自动显示灵敏度 S 的值，平行测定 3 次，取平均值作为灵敏度的值。

2. 溶解热的测定

(1) 准确称量 KNO_3 40mg 左右，按上述相同方法，把测量池和参比池装好并置入量热通道。

(2) 单击主菜单中的“量热”按钮，输入灵敏度 S 的值，待基线稳定后，单击中间的“量热”按钮，然后，测量池和参比池同时捅样。反应结束后，仪器自动显示溶解热的值。

(3) 按同样的方法，平行测定 3 次。

(4) 测量结束时，单击“退出”键，结束实验，停止软件运行，关闭测控仪的电源。

【数据处理】

1. 根据 KCl 和 KNO_3 的质量，计算加入水的质量或体积。

2. 微热量热计自动给出溶解热的值，记录每一次测定的溶解热，取平均值作为 KNO_3 的积分溶解热。

3. 计算测量结果的相对误差。

【注意事项】

1. 样品要先研细，以确保其充分溶解。

2. 装样时，密封圈的选择要合适，系统要保证良好的密封性。

3. 测量池和参比池要同时捅样，两手的力度要一致，不能用力过猛。

4. 测量结束时点击“退出”键结束实验，不要点击“×”键退出运行。

【思考题】

1. 如何选择参比溶剂？

2. 为何捅样时，测量池和参比池一定要做到同时进行？

3. 若仪器的灵敏度测定偏大，对溶解热的测量结果有何影响？

【扩展实验】

1. 设计实验，测定绿豆萌发过程中的热效应。

2. 设计实验，测定尿素的溶解焓，探讨土壤中的无机盐如：NaCl 或 KCl 对尿素溶解焓的影响。

提示：测定尿素在一定浓度 NaCl 或 KCl 水溶液中的溶解焓，与其在水中的溶解焓进行比较。

3. 熔化热和熔化温度的测定。RD496 型微热量热计可以使待测样品在极其缓慢的升温速度下，连续均匀地加热。实验时，先将仪器预热到接近于样品熔化温度前的 5～7℃，把装有样品和参考物质的样品池小心放入量热单元中。然后开始缓慢地等速升温，记录系统连续记录温差信号。观察到温差信号发生明显变化时对应的温度即为开始熔化的温度。在熔化温度范围内曲线下包围的面积即该物质的熔化潜热。

实验 4　热重-差示扫描量热法分析 $CuSO_4 \cdot 5H_2O$ 脱水过程

【实验目的】

1. 了解热重分析法（TG）和差示扫描量热法（DSC）的基本原理。

2. 掌握同步热分析仪（TG-DSC 联用）的操作技术，了解其应用范围。

3. 测定 $CuSO_4 \cdot 5H_2O$ 的 TG 和 DSC 曲线，并根据曲线提供的信息分析试样在加热过程中所发生的化学变化。

【实验原理】

热分析技术是研究物质的物理、化学性质与温度之间的关系，或者说研究物质的热态随温度的变化。热分析内容概括地说包括：热转变机理和物理化学变化的热动力学过程的研究。热分析技术在化学化工、物理、石油、冶金、生物化学、地球化学、能源、医药、食品、材料等领域有着广泛的应用。

热分析方法至今已发展有十几种。如：热重分析、离析气体检测（EGD）、离析气体分析（EGA）、放射热分析、热离子分析、差热分析（DTA）、差示扫描量热、热机械分析（TMA）等。其中，TG-DSC 技术应用最为广泛，例如：应用于物质的玻璃化温度的测定、材料使用寿命预测、晶体的相变测定、功能材料及药物的分析鉴定和热稳定性研究、进出口商品检验、各种材料或产品的纯度分析、固相化学过程的热力学和动力学研究等。

1. 热重分析法

热重分析法是在温度程序控制下，借助热天平测量物质的质量与温度或时间关系的一种方法。热重分析的基本仪器为热天平，结构示意图见图 2-4-1。试样受热质量减小（增大），样品支架下部连接的高精度天平随时能感知到试样当前的质量变化，并将数据传送到计算机，由计算机作出试样失重质量 Δm 对温度 T 的 TG 曲线，如图 2-4-2 曲线 a 所示。微商热重法（DTG）或导数热重法是记录 TG 曲线对温度的一阶导数的一种方法，如图 2-4-2 曲线 b 所示。以物质的质量变化速率 dm/dt 对温度 T 作图，即得 DTG 曲线，DTG 曲线的优越性是提高了 TG 曲线的分辨力。

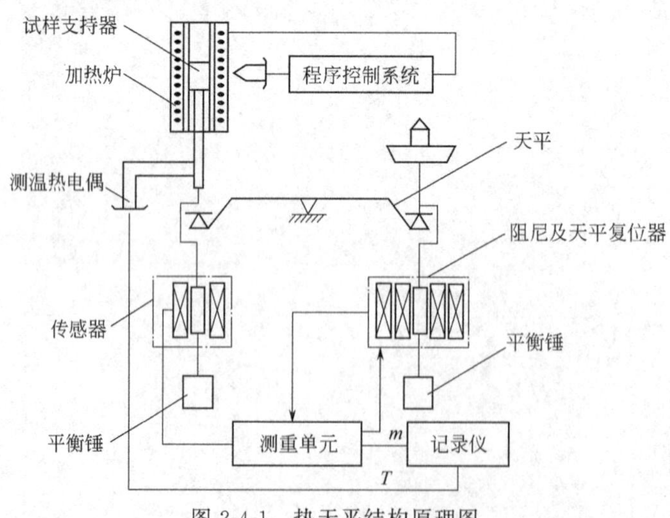

图 2-4-1　热天平结构原理图

下面以一水合草酸钾（$K_2C_2O_4 \cdot H_2O$）的分解热重曲线为例来说明热重法的数据表示和

计算。试样量为 14.70mg，仪器设置升温速率为 $10K\cdot min^{-1}$，气氛为 N_2，实验温度范围为 25～900℃，样品置于三氧化铝坩埚中加热。

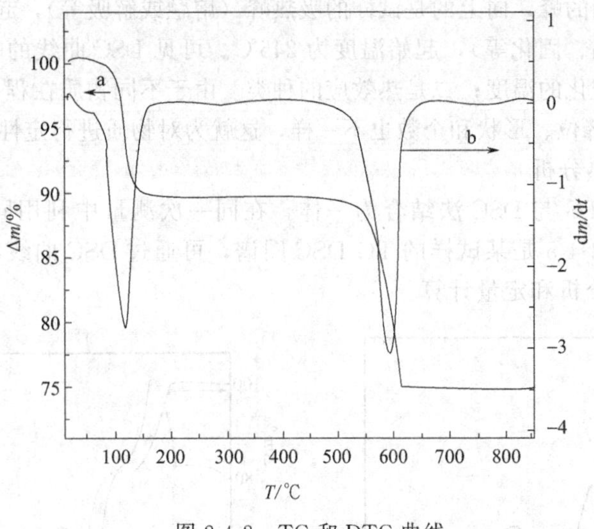

图 2-4-2　TG 和 DTG 曲线

图 2-4-2 显示 $K_2C_2O_4\cdot H_2O$ 的 TG 曲线上有两个失重台阶，可知 $K_2C_2O_4\cdot H_2O$ 的分解分两步进行。根据 TG 曲线平台及失重百分率可推断出第 1 步分解在 67.20～123.40℃范围内，失重百分数为 9.78%，相当于失去了一个 H_2O，生成中间体 $K_2C_2O_4$。第 2 步分解在 564.60～698.66℃，失重百分数为 15.20%，相当于失去了一个 CO，生成最终产物 K_2CO_3。$K_2C_2O_4\cdot H_2O$ 总质量损失数为 24.98%。可以推导出 $K_2C_2O_4\cdot H_2O$ 的热分解方程式如下：

$$K_2C_2O_4\cdot H_2O(s) \xrightarrow{\triangle} K_2C_2O_4(s) + H_2O(g) \tag{2-4-1}$$

$$K_2C_2O_4(s) \xrightarrow{\triangle} K_2CO_3(s) + CO(g) \tag{2-4-2}$$

根据方程式，可计算出 $K_2C_2O_4\cdot H_2O$ 的理论质量损失率。计算结果表明，第一次理论质量损失率为 $m(H_2O)/m(K_2C_2O_4\cdot H_2O)=9.78\%$；第二次理论质量损失率为 $m(CO)/m(K_2C_2O_4\cdot H_2O)=15.20\%$，理论计算的质量损失率和 TGA 测得值是一致的。

$K_2C_2O_4\cdot H_2O$ 的 TG 曲线比较典型，失重台阶明显。实际大多数测试样的图谱没有明显的失重台阶，甚至会变成一条连续变化的曲线。但利用 DTG 则能精确显示微小质量变化的起点，区分各反应阶段。如图 2-4-2 中 $K_2C_2O_4\cdot H_2O$ 的 DTG 曲线则能呈现明显的最大值，提高了 TG 曲线的分辨力。

2. DSC 法基本原理

DSC 工作原理有两种类型：功率补偿型和热流型。功率补偿型 DSC 是在程序控制温度保证参比物与试样温度相同的前提下，测定满足此条件样品和参比两端所需的能量差，并直接作为热量差输出。热流型 DSC 是在给予样品和参比相同的功率下，测定样品和参比两端的温度差，然后根据热流方程，将温度差换算成热量输出。本实验中使用的是热流型 DSC，结构如图 2-4-3 所示。

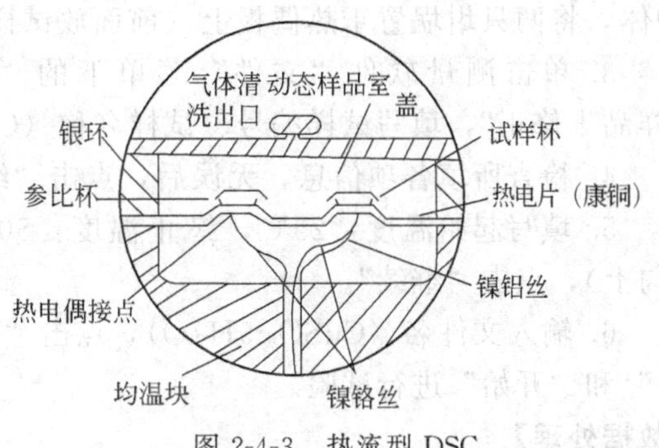

图 2-4-3　热流型 DSC

在 DSC 图谱中，峰的位置、形状和数目与物质的性质有关，可以用来定性鉴定物质。峰面积与热焓成正比，可以直接测量试样在热反应时的热量变化。如图 2-4-4 所示，试样的 DSC 曲线上有两个位置不同的峰，向上的是试样的吸热峰（熔融或解吸等），起始温度为 129.77℃；向下的为放热峰（结晶、固化等），起始温度为 245℃。可见 DSC 曲线的峰位，主要由两个因素决定：一是热效应变化的温度；二是热效应的种类。由于不同物质在程序温度控制下，实验得到的 DSC 曲线上的峰位、形状和个数也不一样，这就为对物质进行定性分析提供了依据。

3. TG-DSC 同步热分析

同步热分析是将 TG 与 DSC 法结合为一体，在同一次测量中利用同一试样可同步得到 TG 和 DSC 曲线。图 2-4-5 是某试样的 TG-DSC 图谱，可通过 DSC 曲线与 TG 曲线上提供的信息对物质进行定性分析和定量计算。

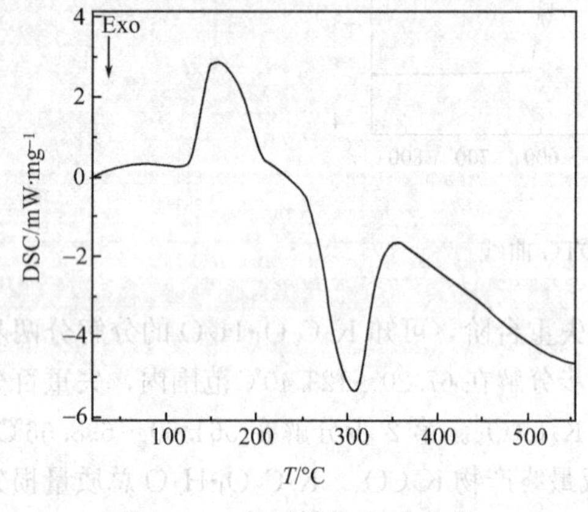

图 2-4-4　某试样的 DSC 曲线

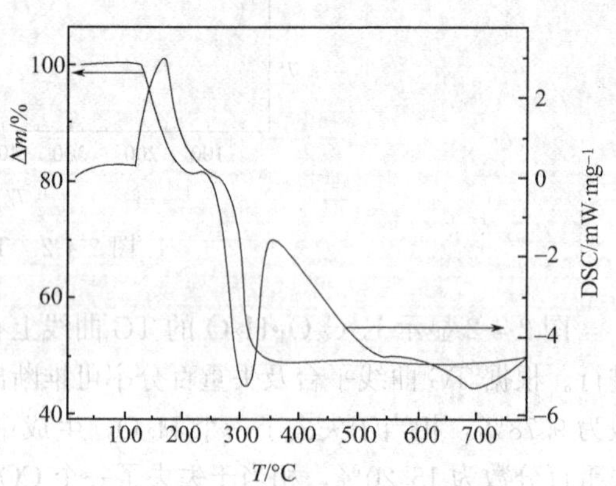

图 2-4-5　某试样的 TG-DSC 曲线

【仪器与试剂】

STA 409 PC 型同步热分析仪（德国耐驰）1 台；分析天平 1 台；镊子 1 个；氧化铝坩埚 2 只；研钵 1 只。

$CuSO_4 \cdot 5H_2O$（A. R.）。

【实验步骤】

1. 准备工作：打开恒温水浴（调温高于室温 1～2℃），开启仪器各电源开关，开启计算机并打开测量软件；打开氮气钢瓶总开关，调节减压阀输出旋钮，将流量调到 0.1MPa 左右，然后调节流量计流量，把吹扫气 gas3 调到 $10mL \cdot min^{-1}$，并吹扫 30min。

2. 取 2 只清洁的坩埚，一只做参比，一只放入精确称量的 $CuSO_4 \cdot 5H_2O$ 约 10mg。打开炉体，将两只坩埚置于热偶板上（前面放试样，后面放参比），放下炉体。

3. 单击测量软件“文件”菜单下的“打开”，选择打开最近作的基线文件，选择“样品＋修正”，填写试样编号、试样名称（$CuSO_4 \cdot 5H_2O$）、试样质量。

4. 检查所填各项信息，无误后，点击“继续”，打开温度校正文件和灵敏度校正文件。

5. 填写起始温度：25℃，终止温度：500℃，升温速率：$10℃ \cdot min^{-1}$，气氛开关打开（勾上），点击“继续”。

6. 输入文件名（$CuSO_4 \cdot 5H_2O$），点击“保存”，然后依次点击“确定”、“初始化工作条件”和“开始”进行试验。

【数据处理】

1. 用仪器软件，在 TG 曲线上标示出 $CuSO_4 \cdot 5H_2O$ 三个失重台阶的“失重百分数”，推

导出 $CuSO_4 \cdot 5H_2O$ 的脱水方程式。

2. 根据推导出的 $CuSO_4 \cdot 5H_2O$ 的脱水方程式，计算 $m(H_2O)/m(CuSO_4 \cdot 5H_2O)$ 的理论质量损失率，与 TGA 测得的值比较是否一致。

3. 根据 DSC 曲线上的数据，如起始温度、峰顶温度、反应热焓等，结合 TG 曲线，分析 $CuSO_4 \cdot 5H_2O$ 在加热过程中的变化情况。

4. 导出图谱。点击“附加功能”菜单下的“导出为图元文件”，可复制到 word 文件中，打印谱图，粘贴在实验报告上。

【注意事项】

1. 试样粒度研磨至 100～200 目为宜。
2. 试样质量一般为 3～25mg，常规选 10mg 左右。
3. 保持坩埚清洁，使用镊子夹取，避免用手触摸。
4. 每次降下炉子时要注意看支架位置是否位于炉腔口中央，防止碰到支架盘而压断支架杆。
5. 实验完成后，必须等炉温降到 50℃以下，才能打开炉体。

【思考题】

1. DSC 曲线上峰的方向、位置、数目和峰面积的大小有何意义？
2. 试样颗粒度的大小对 TG 曲线上的起始温度和终止温度有何影响？

【扩展实验】

1. 用热分析仪分析味精在多少温度下会热分解产生有害物质（实验条件：试样质量约 3mg；温度设置：25～300℃；加热速率 $5K \cdot min^{-1}$；气氛 N_2）？

提示：味精的分子式：$C_5H_8O_4NNa \cdot H_2O$。根据味精的失水温度、熔点、吡咯烷酮化（脱分子内水分子重排）温度来说明谷氨酸钠在什么温度下遭破坏。

2. 用热分析仪测定不同品种的饮料瓶的相对热稳定性，并排序说明（实验条件：试样的质量约 5mg；温度设置：25～600℃；加热速率 $10K \cdot min^{-1}$；气氛 N_2）。

提示：依据 TG 曲线上的起始温度来排序。

实验 5 溶液偏摩尔体积的测定

【实验目的】

1. 理解偏摩尔量的物理意义。

2. 掌握用比重瓶测定溶液密度的方法。

3. 测定指定组成的乙醇-水溶液中各组分的偏摩尔体积。

【实验原理】

多组分系统的广度性质除质量以外，都不具有加和性。因此，讨论两种或两种以上的均相体系时，必须引用偏摩尔量来代替研究纯物质时所用的摩尔量的概念。任一物质 B 的广度性质 Z 的偏摩尔量 $Z_{B,m}$ 表示为：

$$Z_{B,m}=\left(\frac{\partial Z}{\partial n_B}\right)_{T,p,n_C} \tag{2-5-1}$$

其物理意义是等温等压下，向大量体系中加入 1mol B 物质所引起的体系广度性质 Z 的改变。

比如乙醇水溶液中，水的偏摩尔体积可以表示为：

$$V_{1,m}=\left(\frac{\partial V}{\partial n_1}\right)_{T,p,n_2} \tag{2-5-2}$$

乙醇的偏摩尔体积表示为：

$$V_{2,m}=\left(\frac{\partial V}{\partial n_2}\right)_{T,p,n_1} \tag{2-5-3}$$

溶液的总体积表示为：

$$V_{总}=n_1V_{1,m}+n_2V_{2,m} \tag{2-5-4}$$

将式（2-5-4）两边同除以溶液的质量 m 得

$$\frac{V_{总}}{m}=\frac{m_1}{M_1}\times\frac{V_{1,m}}{m}+\frac{m_2}{M_2}\times\frac{V_{2,m}}{m} \tag{2-5-5}$$

式中，M_1 和 M_2 分别为水和乙醇的摩尔质量。

令：

$$\frac{V_{总}}{m}=\alpha,\frac{V_{1,m}}{M_1}=\alpha_1,\frac{V_{2,m}}{M_2}=\alpha_2 \tag{2-5-6}$$

式中，α 是溶液的比容，即密度 ρ 的倒数；α_1 和 α_2 分别为水和乙醇的偏质量体积。将式（2-5-6）代入式（2-5-5）得

$$\alpha=w_1\alpha_1+w_2\alpha_2=(1-w_2)\alpha_1+w_2\alpha_2 \tag{2-5-7}$$

式中，w_1 和 w_2 分别为水和乙醇的质量分数。

将式（2-5-7）对 w_2 微分得：

$$\frac{\partial\alpha}{\partial w_2}=-\alpha_1+\alpha_2$$

即

$$\alpha_2=\alpha_1+\frac{\partial\alpha}{\partial w_2} \tag{2-5-8}$$

将式（2-5-8）代入式（2-5-7）得：

$$\frac{1}{\rho}=\alpha=\alpha_1+w_2\frac{\partial\alpha}{\partial w_2} \tag{2-5-9}$$

$$\frac{1}{\rho}=\alpha=\alpha_2-w_1\frac{\partial\alpha}{\partial w_2} \qquad (2\text{-}5\text{-}10)$$

由式（2-5-9）、式（2-5-10）可见，只要测定不同浓度溶液的密度，就可以得到比容。作 α-w_2 关系图，得曲线 CC'（图 2-5-1）。若求 M 点对应浓度溶液中各组分的偏摩尔体积，从 M 点作切线，由切线在两边的截距 AB 和 $A'B'$ 可分别得到 α_1 和 α_2，分别代入式（2-5-6）即可计算得到两组分的偏摩尔体积。

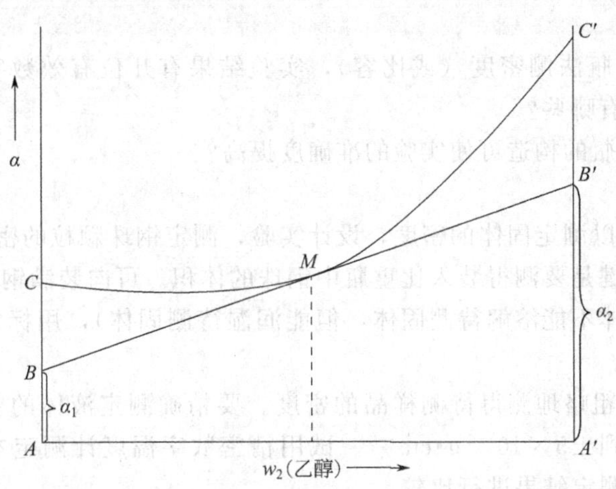

图 2-5-1　乙醇溶液比容 α 和质量分数 w_2 关系曲线

本实验的关键是测定溶液的密度，密度采用比重瓶法进行测量。

【仪器与试剂】

恒温槽 1 台；分析天平 1 台；磨口锥形瓶（50mL）5 个；比重瓶（10mL）1 个；量筒（10mL）3 个。

蒸馏水；无水乙醇（A. R.）。

【实验步骤】

1. 调节恒温槽的温度为（25.0±0.1)℃或（30±0.1)℃。

2. 配制溶液

用分析天平称重，配制含乙醇质量分数分别约为 20%、40%、60% 和 80% 的溶液各 30g 左右，配好后塞紧瓶塞以免挥发。

3. 比重瓶体积的标定

将比重瓶洗净烘干，精确称其质量，然后装满蒸馏水，塞紧瓶塞，置于恒温槽中恒温 10min。用滤纸迅速擦去毛细管膨胀出来的水。取出比重瓶，擦干外壁，迅速称重。平行测定三次。

4. 不同浓度溶液比容的测定

将蒸馏水、无水乙醇及步骤 2 中配好的溶液，按上述方法依次对不同溶液的比容进行测定。

【数据处理】

1. 求比重瓶的体积：计算得到步骤 3 中比重瓶内装满水的质量，根据实验温度下水的密度值（见附表 10），计算出比重瓶的体积。

2. 计算所配溶液中乙醇的准确质量分数。

3. 计算实验条件下各溶液的比容。

4. 以比容为纵轴，乙醇的质量分数为横轴作曲线，并在 30% 乙醇处作切线，求 α_1 和 α_2。

5. 求算含乙醇 30% 的溶液中各组分的偏摩尔体积及 100g 该溶液的总体积。

【注意事项】

1. 比重瓶的质量要准确称量，避免用手触碰。

2. 比重瓶装水要满，注意瓶内不能有气泡，恒温槽的水面不要没过比重瓶的磨口处。

【思考题】

1. 我们用的比重瓶法测密度（或比容），实验结果有几位有效数字？实验的重复性如何？产生误差的原因有哪些？

2. 如何改进比重瓶的构造可使实验的准确度提高？

【扩展实验】

1. 比重瓶法也可以测定固体的密度，设计实验，测定钢珠颗粒的密度。

提示：实验的关键是要测得装入比重瓶中钢珠的体积。可向装满钢珠的比重瓶中加入已知密度的液体（该液体不能溶解待测固体，但能润湿待测固体），用标定好的比重瓶的体积减去液体的体积即可。

2. 比重瓶法只能粗略地测得待测样品的密度。要精确测定液体的密度可使用精密数字密度计，密度可精确到 $\pm 5\times10^{-6}\,g\cdot cm^{-3}$。试用精密数字温度计测定本实验中各样品的密度，并与比重瓶法的测定结果进行比较。

实验 6　凝固点降低法测摩尔质量

【实验目的】

1. 掌握溶液凝固点的测定技术，加深对稀溶液依数性的理解。
2. 掌握数字温度温差测量仪的使用方法。
3. 通过测定水的凝固点降低值，计算蔗糖的摩尔质量。

【实验原理】

固体溶剂与溶液呈平衡的温度称为溶液的凝固点。凝固点是物质的重要理化参数。准确测定物质的凝固点对产品的质量及生产工艺的控制等具有重要意义。例如：石油产品的凝固点代表着油品的低温使用性能，生鲜牛奶的凝固点是检测其是否掺水、掺杂的一项重要指标。

当稀溶液凝固析出纯固体时，溶液的凝固点低于纯溶剂的凝固点，凝固点降低是稀溶液依数性的一种表现。凝固点降低法是测定溶质摩尔质量的主要方法之一。确定了溶剂的种类和数量后，溶剂凝固点降低值仅取决于所含溶质分子的数目，其降低值与溶液的质量摩尔浓度成正比，即

$$\Delta T_f = T_f^* - T_f = k_f m_B \tag{2-6-1}$$

式中，ΔT_f 为溶液凝固点降低值；T_f^* 为纯溶剂的凝固点；T_f 为溶液的凝固点；m_B 为溶液中溶质 B 的质量摩尔浓度；k_f 为溶剂的凝固点降低常数，它的数值仅与溶剂的性质有关。若称取一定质量的溶剂和溶质配成溶液，则当溶液浓度很稀时，溶质的摩尔质量M_B可由下式求得

$$M_B = k_f \frac{m(B)}{\Delta T_f\, m(A)} \tag{2-6-2}$$

式中，$m(A)$、$m(B)$ 分别为溶剂和溶质的质量。如果已知溶剂的凝固点降低常数 k_f，并测得此溶液的凝固点降低值 ΔT_f，即可由式（2-6-2）计算出溶质的摩尔质量。

纯溶剂的凝固点是其液相和固相平衡共存时的温度。若将纯溶剂逐步冷却，理论上其冷却曲线（也称步冷曲线）如图 2-6-1（a）所示，其水平线段对应纯溶剂的凝固点。但实际过程中会发生过冷现象，即在过冷而开始析出固体时，放出的凝固热使系统的温度回升，当过冷程度太大时，温度回升不到原溶液的凝固点，测得的凝固点将偏低，影响分子量的测定结果，需按照图 2-6-1（b）所示方法加以校正。在测定过程中必须设法控制适当的过冷程度，一般可通过控制寒剂的温度和搅拌速度等方法实现。

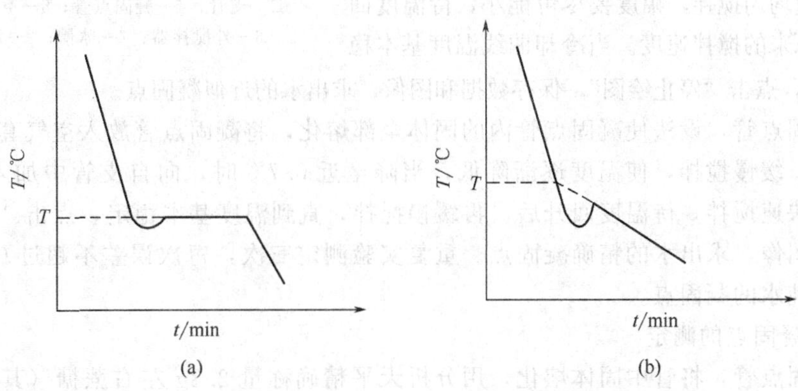

图 2-6-1　溶剂与溶液的冷却曲线

溶液的冷却情况与溶剂的冷却曲线形状不同，当溶液冷却到凝固点，开始析出固态纯溶剂。根据相律，自由度 $f^*=2-2+1=1$，即溶液的温度仍可以下降。一方面，由于溶剂凝固时放出凝固热，从而使温度回升，并且回升到最高点又开始下降；另一方面，由于溶剂析出后，剩余溶液浓度逐渐增大，溶液的凝固点也会不断降低，所以其冷却曲线不出现温度不变的水平线段，如图 2-6-1 (b) 所示。如果溶液的过冷程度不大，可以将温度回升的最高点作为溶液的凝固点；如果过冷程度太大，则回升的最高温度不是原溶液的凝固点，严格的做法是按照图 2-6-1 (b) 所示的方法将凝固后固相的冷却曲线向上外推至与液相段相交，并以此交点温度作为溶液的凝固点。

【仪器与试剂】

凝固点测量仪 1 套；压片机 1 个；温度计（$-10\sim50$℃）1 支；数字温度温差测量仪 1 台；分析天平（精度 0.0001g）1 台，移液管（50mL）1 支。

蔗糖（A. R.），冰，粗盐。

【实验步骤】

1. 仪器安装

按图 2-6-2 所示安装实验装置，将数字温度温差测量仪（使用方法见附录 1 仪器 3）与计算机连接好，打开凝固点测量软件。

2. 调节寒剂的温度

取适量粗盐与冰水混合，加入冰槽中，使寒剂温度为 $-2\sim-3$℃，并在实验过程中不断搅拌并补充少量冰，使寒剂保持此温度。

3. 溶剂凝固点的测定

用移液管移取 50mL 蒸馏水，加入干燥的凝固点管中，并记录水的温度。将调好的数字温度温差测量仪探头插入凝固点管内溶液的中间位置，拉动内搅拌器，注意避免碰壁及产生摩擦。

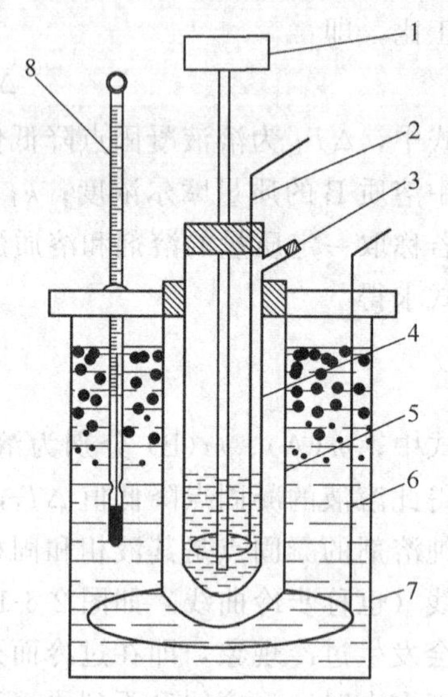

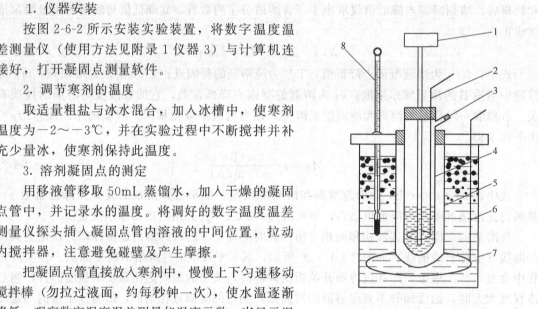

图 2-6-2 凝固点测量仪

1—数字温度温差测量仪探头；2—内搅拌器；3—支管；4—凝固点管；5—空气套管；6—外搅拌器；7—冰槽；8—温度计

把凝固点管直接放入寒剂中，慢慢上下匀速移动搅拌棒（勿拉过液面，约每秒钟一次），使水温逐渐降低。观察数字温度温差测量仪温度示数，当显示温度约为 2℃时，点击“开始绘图”，当温度降到水的冰点时，要快速均匀搅拌，幅度要尽可能小，待温度回升后，恢复原来的搅拌速度。当冷却曲线温度基本稳定约 3min 后，点击“停止绘图”，保存数据和图像，求出水的近似凝固点。

取出凝固点管，设法使凝固点管内的固体全部熔化，将凝固点管放入空气套管中，点击“开始绘图”，缓慢搅拌，使温度逐渐降低，当降至近 0.7℃时，向自支管中加入少量晶种，在液体上部快速搅拌，待温度回升后，再缓慢搅拌，直到温度基本稳定，点击“停止绘图”，保存数据和图像，求出水的精确凝固点。重复实验测定三次，每次误差不超过 0.006℃，取平均值作为纯水的凝固点。

4. 溶液凝固点的测定

取出凝固点管，将管中固体熔化，用分析天平精确称量 2.8g 左右蔗糖（其质量约使凝固点下降 0.3℃）放入凝固点管中，待全部溶解后，测定溶液的凝固点。方法与测定纯溶剂的方法相同，先测近似凝固点，再测精确凝固点，重复三次，取平均值。

【数据处理】

1. 由水的密度计算所取水的质量 $m(\mathrm{A})$。

2. 由凝固点测量软件求出凝固点降低值，计算蔗糖的摩尔质量，已知水的凝固点降低常数 $k_f=1.86\mathrm{K \cdot kg \cdot mol^{-1}}$。

3. 计算测量结果的相对误差，分析误差产生的原因。

【注意事项】

1. 控制搅拌速度，每次测量时的搅拌条件和速度尽量一致，这是做好本实验的关键。

2. 寒剂的温度要合适，过高则冷却太慢，过低则测不准凝固点。

【思考题】

1. 为什么会产生过冷现象？如何控制过冷程度？

2. 根据什么原则确定加入溶剂中的溶质质量？加入太多或太少影响如何？

3. 为什么测定溶剂的凝固点时，过冷程度大些对测定结果影响不大，而测定溶液凝固点时却必须尽量减少过冷现象？

【扩展实验】

凝固点降低法可用于溶液热力学性质的研究，例如，电解质的电离度、溶质的缔合度、溶液的渗透压和活度系数等。当溶质在溶液中有解离、缔合、溶剂化和形成配合物时，为了获得比较准确的摩尔质量，常用外推法，即以所测的摩尔质量为纵坐标，以溶液浓度为横坐标作图，外推至溶液浓度为零时，得到比较准确的摩尔质量数值。

1. 设计实验测定乙酸在苯中的缔合度

提示：凝固点降低法测定的是物质的表观摩尔质量，已知其摩尔质量即可求出缔合度。苯的凝固点降低常数见附表 12。

2. 设计实验测定医用 NaCl 注射液的渗透压，与人体正常渗透压比较，讨论两者之间的关系。

提示：测定医用 NaCl 注射液的凝固点，计算出 NaCl 注射液的浓度，再由 $\pi=cRT$ 计算出其渗透压。

实验7 液体饱和蒸气压的测定

【实验目的】

1. 了解沸点的意义、沸点与压力的关系及气液两相平衡的概念。

2. 了解纯液体饱和蒸气压和温度的关系：克劳修斯-克拉贝龙方程式。

3. 掌握静态法测定液体饱和蒸气压的原理和操作方法；学会用图解法求其平均摩尔气化热与正常沸点。

4. 掌握真空泵和压力计的使用。

5. 测定水的饱和蒸气压。

【实验原理】

一定温度下，纯液体与其蒸气达平衡时蒸气的压力，称为该温度下液体的饱和蒸气压，简称蒸气压。饱和蒸气压是物质的基础热力学数据，它不仅在化学、化工领域，而且在无线电、电子、冶金、医药、环境工程甚至航空航天领域都具有重要地位，因而在工程计算中是必不可少的数据。

纯液体的蒸气压是随温度变化而变化的，二者之间的关系可用克劳修斯-克拉贝龙(Clausius-Clapeyron) 方程式来表示：

$$\frac{\mathrm{d}\ln p^*}{\mathrm{d}T}=\frac{\Delta_{\mathrm{vap}}H_{\mathrm{m}}}{RT^2} \tag{2-7-1}$$

式中，p^* 为温度 T 时纯液体的饱和蒸气压；$\Delta_{\mathrm{vap}}H_{\mathrm{m}}$ 为温度 T 时纯液体的摩尔气化热；R 为摩尔气体常数。如果温度变化范围不大，$\Delta_{\mathrm{vap}}H_{\mathrm{m}}$ 可视为常数，将式（2-7-1）不定积分得：

$$\ln p^*=-\frac{\Delta_{\mathrm{vap}}H_{\mathrm{m}}}{RT}+C \tag{2-7-2}$$

式中，C 为积分常数，此数与压力 p^* 的单位有关。

由式（2-7-2）可知，在一定温度范围内，测定不同温度下的饱和蒸气压，以 $\ln p^*$ 对 $1/T$ 作图，可得一直线，由该直线的斜率可求 $\Delta_{\mathrm{vap}}H_{\mathrm{m}}$。当外压为 101.325kPa 时，液体的蒸气压与外压相等时的温度称为该液体的正常沸点。从图中也可求得其正常沸点。

测定饱和蒸气压常用的方法有动态法、静态法和饱和气流法等。本实验采用静态法，即将被测物质放在一个密闭系统中，在不同温度下直接测量其饱和蒸气压，在不同外压下测量相应的沸点。该方法适用于蒸气压比较大的液体。

测定仪器如图 2-7-1 所示。

平衡管由 A 球和 U 形管 B、C 组成，当 A 球的液面上纯粹是待测液体的蒸气，并且 U 形管等压计液面处于同一水平时，表示 B 管液面上的压力与 C 管液面上的压力相等，即平衡管 A 球液面上的蒸气压与加在 U 形等压计液面上的外压相等。此时液体的温度即为液体在此外压下的沸点。

【仪器与试剂】

玻璃恒温槽 1 台；真空泵 1 台；缓冲储气罐 1 个；数字真空压力计 1 个；平衡管 1 个；冷凝管 1 支；温度计（0～100℃）1 支；硅胶管。

蒸馏水。

【实验步骤】

1. 装置仪器

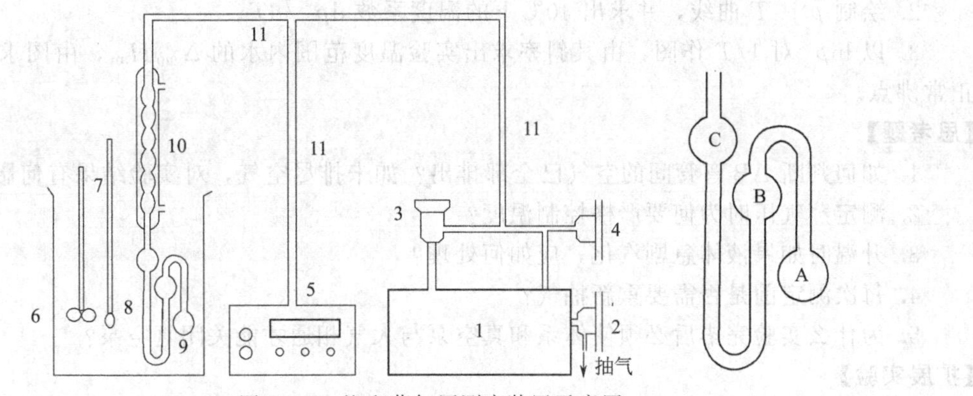

图 2-7-1　饱和蒸气压测定装置示意图

1—缓冲储气罐；2—抽气阀；3—平衡阀；4—进气阀；5—数字真空压力计；6—玻璃恒温水浴；7—搅拌器；8—温度计；9—平衡管；10—冷凝管；11—硅胶管

将待测液体装入平衡管中，其体积占平衡管 A 球容积约 2/3，U 形管中的液体以平衡后液面位于 B 球以下为宜，不宜过多或过少，按图 2-7-1 连接好仪器，数字真空压力计采零，记录室内大气压力。

2. 系统气密性检查

关闭进气阀 4，打开抽气阀 2，使系统与真空泵（使用方法见附录 1 仪器 5）连通，开启真空泵，缓慢开启平衡阀 3，抽气减压至真空压力计显示压差为－53kPa 时，关闭平衡阀 3，如果在数分钟内真空压力计数值基本不变，表明系统不漏气。若系统漏气则分段检查，直至不漏气为止，方可进行下一步实验。

3. 排净 AB 弯管空间内的空气

将恒温槽温度调节至比室温高约 3℃，接通冷却水，开启平衡阀 3 缓缓抽气，使平衡管 A 球与 U 形管 B 球空间内的空气呈气泡状通过 U 形管中的液体逸出，抽气减压至真空压力计表压为－96～－97kPa，沸腾 3～5min 即可认为空气已经被排除干净。

4. 饱和蒸气压的测定

当空气被排净后，关闭平衡阀 3，小心开启进气阀 4 缓缓通入空气，至 U 形管等压计的液面高度相平为止，在真空压力表上读出真空度的数值，求出待测系统内的压力值（$p_{待测}=p_{压力计}+p_{大气}$），记录恒温槽温度，重复测定两次，结果应在测量允许误差范围内。然后将恒温槽温度升高 3℃，待恒温槽温度恒定后，通过调节平衡阀 3 和进气阀 4 使 U 形管等压计的液面高度再次相平，记录温度和压力。

依前述方法测定 8 组数据。

【注意事项】

1. 进气阀 4 开启速度一定要缓慢，测定过程中如不慎使空气倒灌入平衡管 A 球，则需重新排除弯管空间内的空气后方可继续测定。

2. 如升温过程中，U 形管等压计内的液体发生暴沸，可调节进气阀 4 缓缓通入少量空气，以防止管内液体大量挥发而影响实验进行。

3. 实验结束后，开启平衡阀 3，慢慢开启进气阀 4，使数字真空压力计恢复零位，再关闭真空泵电源，防止泵油倒吸污染被测系统及损坏真空泵。

【数据处理】

1. 将温度、压力数据列表，计算出不同温度下水的饱和蒸气压。

2. 绘制 p^* - T 曲线，并求出40℃下的温度系数 dp^*/dT。

3. 以 $\ln p^*$ 对 $1/T$ 作图，由其斜率求出实验温度范围内水的 $\Delta_{vap}H_m$，由图求算出水的正常沸点。

【思考题】

1. 如何判断AB弯管间的空气已全部排出？如未排尽空气，对实验结果有何影响？
2. 测定蒸气压时为何要严格控制温度？
3. 升温时如果液体急剧汽化，应如何处理？
4. 每次测定前是否需要重新抽气？
5. 为什么实验完毕后必须使体系和真空泵与大气相通才能关闭真空泵？

【扩展实验】

1. 设计实验，测定常见液体的饱和蒸气压

采用这种装置，可以方便地研究多种液体如乙醇、正丙醇、异丙醇、丙酮、苯和四氯化碳等物质的饱和蒸气压，这些液体中很多是易燃的，那么在加热时应该注意哪些问题？

2. 设计降温法测定液体的饱和蒸气压

静态法测定饱和蒸气压的方法通常有升温法和降温法两种，本实验采用的是升温法，请通过查阅资料设计降温法测定水或乙醇的饱和蒸气压。

实验 8　完全互溶双液系的平衡相图

【实验目的】

1. 绘制常压下乙酸乙酯-乙醇双液系的 T-x 图，并找出最低恒沸点和恒沸混合物的组成。

2. 掌握阿贝折射仪的使用方法。

【实验原理】

在常温下，若两液体能按任意比例相互溶解，则称完全互溶双液体系。液体的沸点是指液体的蒸气压与外界大气压相等时的温度。双液体系的沸点不仅与外压有关，还与双液系的组成有关。恒压下将完全互溶双液系蒸馏，测定馏出物（气相）和蒸馏液（液相）的组成，就能绘出气液两相平衡的沸点-组成图（T-x 图）。T-x 图对精馏提纯和液体分离具有重要的指导意义。

完全互溶双液系的 T-x 图可分为三类：

① 理想的完全互溶双液系，在 T-x 图上溶液沸点介于两纯组分沸点之间，如苯与甲苯，正己烷和正庚烷等，见图 2-8-1（a）。

② 对拉乌尔定律有较大负偏差的双液系，在 T-x 图上出现最高点，如丙酮与氯仿、硝酸与水等，见图 2-8-1（b）。

③ 对拉乌尔定律有较大正偏差的双液系，在 T-x 图上出现最低点，如环己烷与乙醇、乙酸乙酯与乙醇、水与乙醇等，见图 2-8-1（c）。

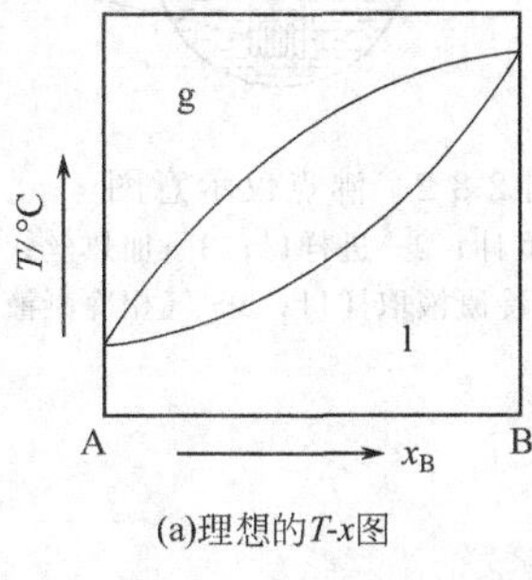

(a)理想的T-x图

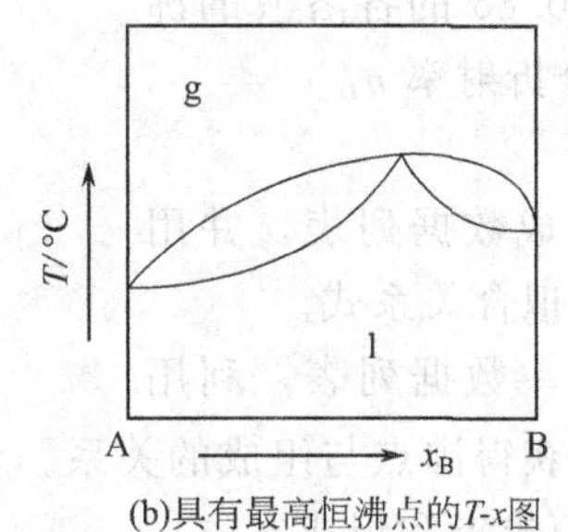

(b)具有最高恒沸点的T-x图

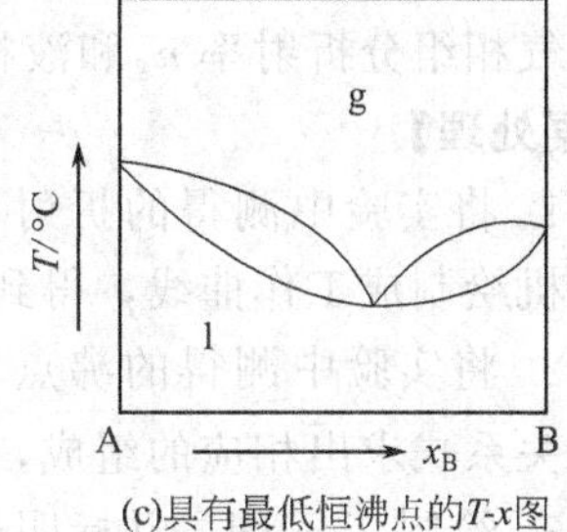

(c)具有最低恒沸点的T-x图

图 2-8-1　完全互溶双液系的 T-x 图

第②、③两类溶液在最高或最低沸点时，气相与液相组成相同，沸腾的结果只使气相量增加，液相量减少，气液两相的组成及溶液的沸点保持不变，这时的温度为恒沸点，相应的组成为恒沸混合物。理论上，第①类混合物可用一般精馏法分离出两种纯物质，第②、③两类混合物只能分离出一种纯物质和一种恒沸混合物。

本实验用回流冷凝法测定乙酸乙酯-乙醇在不同组成时的沸点，用阿贝折射仪（使用方法见附录 1 仪器 6）测定其相应液相和气相冷凝液的折射率，再从折射率-组成工作曲线上查得相应的组成，然后绘制 T-x 图。

【仪器与试剂】

沸点仪 1 套；恒温槽 1 台；阿贝折射仪 1 台；数字温度温差仪 1 台；移液管（1mL 2 支，5mL 1 支，25mL 1 支）；毛细滴管 2 支；具塞小试管 9 支；容量瓶（100mL）10 个。

乙酸乙酯（A. R.）；无水乙醇（A. R.）。

【实验步骤】

1. 调节恒温槽温度为（25±0.1）℃或（30±0.1）℃，通恒温水于阿贝折射仪中。

2. 测定折射率与组成的关系，绘制工作曲线。

将9支小试管编号，依次移入0.10mL，0.20mL，…，0.90mL的乙酸乙酯，然后依次移入0.90mL，0.80mL，…，0.10mL的无水乙醇，混合均匀，配成9份已知浓度的溶液(按纯样品的密度换算出乙酸乙酯的摩尔分数)。用阿贝折射仪测定每份溶液的折射率及纯乙酸乙酯和纯无水乙醇的折射率。以折射率对乙酸乙酯的浓度作图，即得工作曲线。

3. 测定沸点与组成的关系。

(1) 粗略配制乙酸乙酯的摩尔分数约为0.10、0.20、0.30、0.40、0.50、0.55、0.60、0.70、0.80、0.85的乙酸乙酯-乙醇溶液(实验室可预先配制)。

(2) 按图2-8-2所示安装好沸点仪，从加液口处加入约30mL摩尔分数约为0.10的乙酸乙酯-乙醇溶液，打开冷却水，加热使沸点仪中的溶液沸腾。将最初的气相冷凝液倾回蒸馏器中(最初的冷凝液不能代表平衡时的气相组成)，并反复2～3次。待溶液沸腾且回流正常，温度读数恒定后，记录溶液的沸点。用毛细滴管从气相冷凝液取样口吸取气相冷凝液，迅速滴入阿贝折射仪中，测其折射率n_g。再用另一支滴管吸取沸点仪中的溶液，测其折射率n_l。测量完毕将沸点仪中的溶液回收。用同样的方法，按浓度从低到高的顺序，分别测定摩尔分数约为0.20、0.30、0.40、0.50、0.55、0.60、0.70、0.80、0.85的各溶液的沸点及气相组分折射率n_g和液相组分折射率n_l。

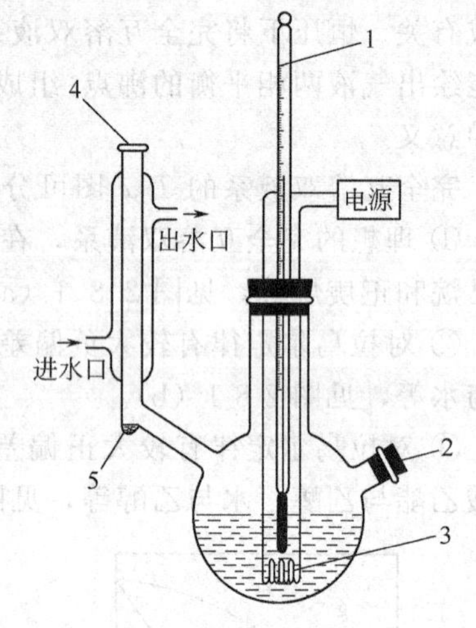

图2-8-2 沸点仪示意图

1—温度计；2—进样口；3—加热丝；4—气相冷凝液取样口；5—气相冷凝液

【数据处理】

1. 将实验中测得的折射率-组成数据列表，并用计算机绘制成工作曲线，得到线性拟合关系式。

2. 将实验中测得的沸点-折射率数据列表，利用线性关系式求出相应的组成，从而获得沸点与组成的关系。

3. 绘制T-x图，并标明最低恒沸点和组成。

4. 将实验结果与附表17中的数据进行比较，分析误差产生的原因。

5. 在精确的测定中，还要对温度计的外露水银柱进行露茎校正。

【注意事项】

1. 由于整个体系并非绝对恒温，气、液两相的温度会有少许差别，因此沸点仪中，温度计水银球的位置应一半浸在溶液中，一半露在蒸气中。并随着溶液量要不断调节水银球的位置。

2. 为避免过热现象发生，沸点仪中一定要加入沸石，且冷凝水打开后方可加热。实验过程中要控制好液体的回流速度，不宜过快或过慢。

3. 在每份样品的蒸馏过程中，由于整个体系的成分不可能保持恒定，因此平衡温度会略有变化，特别是当溶液中两种组成的量相差较大时，变化更为明显。为此每加入一次样品后，只要待溶液沸腾，将铁架台倾斜一定角度，让气相冷凝液流回沸点仪后，再正常回流1～2min后，即可取样测定，不宜等待时间过长。

4. 每次取样量不宜过多，取样时毛细滴管一定要干燥，不能留有上次的残液。折射率的测定要迅速，防止低沸点组分挥发造成测量误差。

5. 整个实验过程中，通过折射仪的水温要恒定。使用折射仪时，棱镜不能触及硬物（如滴管），擦拭棱镜用擦镜纸。

【思考题】

1. 在该实验中，测定工作曲线时折射仪的恒温温度与测定样品时折射仪的恒温温度是否需要保持一致？为什么？

2. 过热现象会对实验产生什么影响？如何在实验中尽可能避免这种现象？

3. 在测定沸点与组成关系过程中，溶液为什么粗略配制即可？

【扩展实验】

1. 设计实验，绘制水-乙醇双液系的 T-x 相图。

(1) 在相图上标明最低恒沸点和组成，将实验结果与附表 17 中的数据进行比较，分析误差产生的原因。

(2) 根据相图判断用市售的 60°烈性白酒，经多次蒸馏能否得到无水乙醇？

提示： 水-乙醇双液系的 T-x 图与乙酸乙酯-乙醇的 T-x 图相似，具有最低恒沸点。

2. 乙醇和水的混合物在不同压力条件下具有不同的最低恒沸点，恒沸混合物的组分也各异。试设计实验研究压力对水-乙醇双液系的相图的影响。

实验 9　二组分金属相图的绘制

【实验目的】

1. 了解热分析法的测量技术。

2. 了解热电偶测量温度的方法，熟悉数字电位差计的使用。

3. 学会用热分析法测绘 Pb-Sn 二组分金属相图。

【实验原理】

相图是描述系统的状态随温度、浓度、压力等物理量的改变而发生变化的图形，通过相图可以表示出在指定条件下系统的相数和各相的组成，对于蒸气压较小的二组分系统，常用温度-组成图来描述。

绘制二组分金属相图常用的实验方法是热分析法。该方法是通过观察系统在冷却（或加热）时温度随时间的变化关系，来判断有无相变化的发生。通常的做法是将一种或两种金属混合物系统全部熔化，然后使其在一定环境中自行均匀冷却，每隔一定时间，记录一次温度，以温度为纵坐标，时间为横坐标，画出温度-时间图（步冷曲线）。理想的步冷曲线如图 2-9-1 Ⅰ 所示，但有时会由于过冷致使步冷曲线变形，如图 2-9-1 Ⅱ 所示。

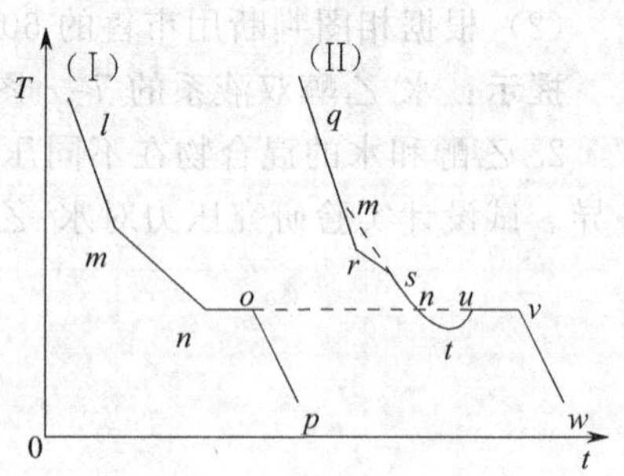

图 2-9-1　理想的步冷曲线和有过冷现象时的步冷曲线

当系统自行均匀冷却时，如果系统不发生相变，则系统的温度随时间的变化是均匀的，冷却得也较快，可以得到一条平滑的步冷曲线，若在冷却过程中发生了相变，由于在相变过程中伴随的相变热与自然冷却时系统放出的热相抵消，所以系统温度随时间的变化将发生改变，系统的冷却速度减慢，步冷曲线就出现转折，转折点所对应的温度即为该组成系统的相变温度。当熔液继续冷却到熔液的组成已达到最低共熔混合物的组成时，会有最低共熔混合物析出，在最低共熔混合物完全凝固以前，系统温度将保持不变，因此步冷曲线出现水平线段。当熔液完全凝固后，温度才会继续下降。若溶液出现过冷现象（图 2-9-1 Ⅱ），应将 ts 线延长交 qr 于 m，vu 线延长交 st 于 n，而 m、n 两点代表真正的转折点及水平点。为了防止过冷，除注意保温外，应在可能范围内将样品轻轻搅动。对组成一定的二组分低共熔混合物系统来说，可以根据其步冷曲线判断有固体析出时的温度和最低共熔点的温度，如果作一系列组成不同的系统的步冷曲线，从中找出各转折点，以温度为纵坐标、组成为横坐标，就能画出二组分系统的相图（温度-组成图），不同组成熔液的步冷曲线与对应相图的关系可以从图2-9-2中看出。

系统温度的测量可采用水银温度计，或选用合适的热电偶。但由于水银温度计的测量温度范围有限、精度偏低且容易破损，因此目前多采用热电偶（使用方法见附录 1 仪器 2）来进行测温。用热电偶测温具有许多优点如：灵敏度好、重现性好、量程宽等。由于热电偶测温是将非电量转换为电量，故可将热电偶与数字电位差计配合使用，可自动记录温度-时间曲线。本实验用镍-铬考铜热电偶作测温元件，用直流数字电位差计测量热电势 E。

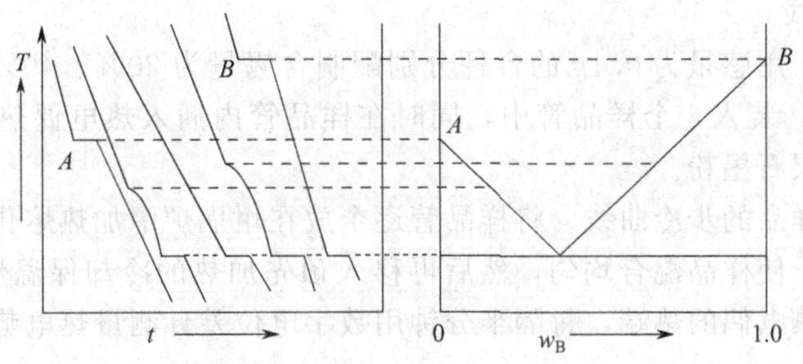

图 2-9-2　步冷曲线与相图

【仪器与试剂】

坩埚炉 1 个；数字电位差计 1 台；立式冷却保温电炉 1 台；镍-铬考铜热电偶 1 副；样品管（ϕ2.5×20cm）7 只；玻璃套管（ϕ0.8×22cm）8 只；杜瓦瓶 1 个；调压变压器（0.5kV·A）1 个；停表 1 个。

铅（C.P.）；锡（C.P.）；石墨粉；邻苯二甲酸酐（A.R.）。

【实验步骤】

1. 测定热电偶的工作曲线

将热电偶按图 2-9-3 装好，接线时要注意正负端是否连接正确，可通过在热端与冷端间加一温差，从数字电位差计的偏转方向来判断。

用台秤称取纯铅、纯锡各 100g，纯邻苯二甲酸酐 15g，分别装于样品管中（在锡铅样品上覆盖一层石墨粉，以防止氧化）。在装样品的同时，将热电偶热端的玻璃套管插入样品管中，然后逐个将样品放入冷却保温炉中加热熔化（或先在坩埚炉中加热熔化，再移入保温炉中进行冷却），如图 2-9-4 所示。待样品熔化后，用热电偶的玻璃套管搅拌样品，使样品各处的组成和温度均匀一致。样品加热的温度不宜升得过高，以免样品氧化变质，一般在样品全部熔化后，再升高 50℃左右即可。然后调节调压变压器，使加热电流减小，甚至可调节到零，使电炉停止加热，让样品以每分钟 5～7℃的速度均匀冷却。每隔半分钟用数字电位差计测量热电势一次，直至热电势降至热电势-时间曲线的水平部分以下为止，在曲线中温差电势值不变处（平台段），即相当于它们的熔点温度（铅：327 ℃；锡：232℃；邻苯二甲酸酐：130.8℃）。

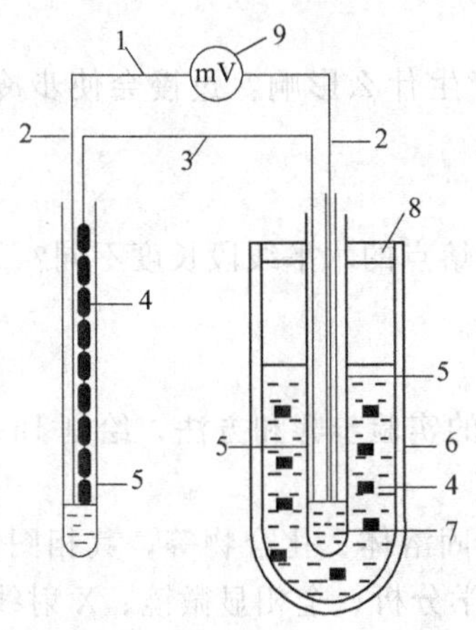

图 2-9-3　热电偶安装示意图

1—导线；2—镍铬丝；3—考铜丝；4—瓷套管；5—玻璃套管；6—杜瓦瓶；7—冰；8—杜瓦瓶盖；9—数字电位差计

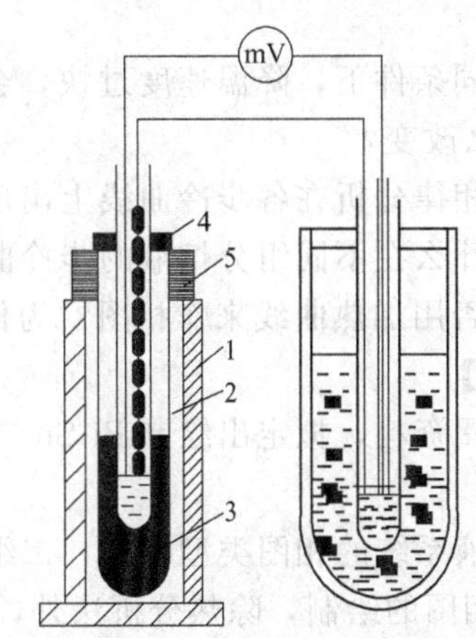

图 2-9-4　样品管在保温冷却电炉中冷却

1—保温冷却电炉；2—样品管；3—样品；4—软木塞；5—石棉布套

2. 测定步冷曲线

(1) 配制样品。用感量为0.1g的台秤分别配制含锡量为20%、40%、61.9%、80%的铅锡混合物各100g，装入4个样品管中，同时在样品管内插入热电偶热端的玻璃套管，并在样品上方覆盖一层石墨粉。

(2) 测定四个样品的步冷曲线。将样品管逐个放在坩埚炉中加热熔化，待熔化后用玻璃套管小心搅拌样品，使样品混合均匀，然后再移入预先加热的冷却保温炉内使其均匀冷却。在玻璃套管中插入热电偶的热端，每隔半分钟用数字电位差计测量热电势一次，直到步冷曲线水平部分以下为止。

【数据处理】

1. 绘制热电偶工作曲线（T-E）图。以纯锡、纯铅、纯邻苯二甲酸酐的熔点温度T为纵坐标，以实验测得它们的相应热电势E为横坐标作图，即得到此热电偶的工作曲线。

2. 绘制步冷曲线（T-t）图。从工作曲线上找出纯铅、纯锡和四个样品在冷却过程中各热电势所对应的温度值。以温度T为纵坐标、时间t为横坐标，分别作出它们在冷却过程中温度随时间变化的步冷曲线。

3. 作铅锡二元金属相图。从步冷曲线中可找出不同系统的相变温度，以此温度为纵坐标、相应各系统的组分为横坐标，即可得到二元金属相图。

【注意事项】

1. 用电炉加热样品时，温度不宜升得过高，以免样品氧化变质；也不可过低，防止样品没有完全熔化，使步冷曲线的转折点测不出。

2. 热电偶的端点应插在样品的中央部位，否则因受环境的影响，步冷曲线的“平台”会不明显。

3. 混合物的转折点有两个，必须待第二个转折点测完后方可停止实验。

4. 在试剂冷却过程中要避免玻璃套管接触热电偶，冷却速度不宜过快，以防曲线转折点不明显。

5. 注意热电偶热电势的数值及其变化范围是否与数字电位差计的量程相适应。通常数字电位差计的量程为0～10mV，而热电偶的热电势值和变化范围均超过0～10mV，因此一般可采用对讯号衰减的方法来匹配，但这样做将降低测量的精度。

【思考题】

1. 相同条件下，降温速度过快，会对步冷曲线产生什么影响？过慢会使步冷曲线的图形发生什么改变？

2. 用相律分析在各步冷曲线上出现平台的原因。

3. 为什么在不同组分熔液的步冷曲线上，最低共熔点的水平线段长度不同？

4. 能否用加热曲线来作相图？为什么？

【扩展实验】

1. 查阅资料，拟定出绘制Bi-Sn二组分金属相图的实验步骤和方法，绘制Bi-Sn二组分金属相图。

2. 固液系统的相图类型很多，二组分间可以形成固溶体、化合物等，其相图比较复杂。一个完整相图的绘制，除热分析法外，还需要借助化学分析、金相显微镜、X射线衍射等方法共同解决。

实验 10　三组分系统等温相图的绘制

【实验目的】

1. 熟悉相律，学会用三角形坐标表示三组分体系的相图。

2. 掌握用溶解度法绘制相图的基本原理。

3. 掌握用溶解度法作出具有一对共轭溶液的醋酸-苯-水体系的相图（溶解度曲线及连接线）。

【实验原理】

三组分系统相图在液-液萃取、盐类的分离或提纯、特殊合金材料制备等诸多领域有着重要的指导作用。三组分系统的独立组分数 $C=3$，在恒温恒压条件下，根据相律，体系的条件自由度 $f^*=3-\Phi$（Φ 为系统的相数）。系统最大条件自由度 $f^*_{max}=3-1=2$，因此，浓度变量最多只有两个，可用平面图表示系统状态和组成间的关系，称为三元相图。通常用等边三角形坐标表示，如图 2-10-1 所示。

等边三角形顶点分别表示纯物质 A、B 和 C；AB、BC 和 CA 三条边分别表示 A 和 B、B 和 C 及 C 和 A 所组成的二组分体系的组成，三角形内任何一点都表示三组分体系的组成。任意一点 P 点组成表示如下：经 P 点作平行于三角形三边的直线，并交三边于 a、b 和 c 三点。若将三边均分成 100 等份，则 P 点的 A、B 和 C 组成分别为：$A\%=Pa=Cb$，$B\%=Pb=Ac$，$C\%=Pc=Ba$。

三组分系统相图的种类很多，其中，醋酸-苯-水体系为三对液体中有一对是部分互溶的，即两对液体醋酸和水、醋酸和苯完全互溶，而另一对水和苯只能部分互溶，如图 2-10-2 所示。E、K_2、K_1、G、L_1、L_2 和 F 点构成溶解度曲线，K_1L_1 和 K_2L_2 是连接线。溶解度曲线内是两相区，即一层是苯在水中的饱和溶液，另一层是水在苯中的饱和溶液。曲线外是单相区。因此，利用系统在相变化时清浊现象的出现，可以判断体系中各组分间互溶度的大小。

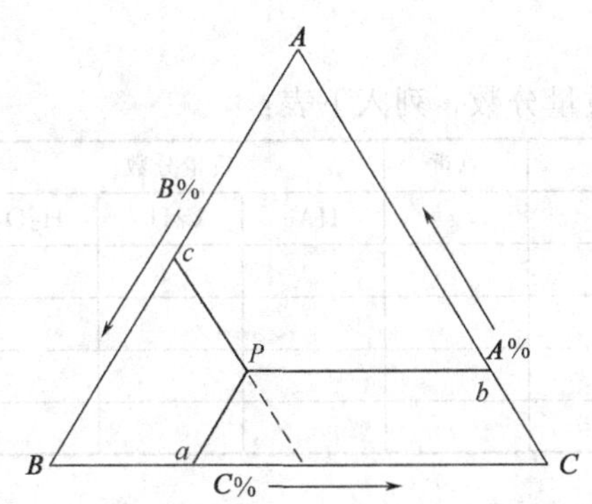

图 2-10-1　等边三角形法表示的三元相图

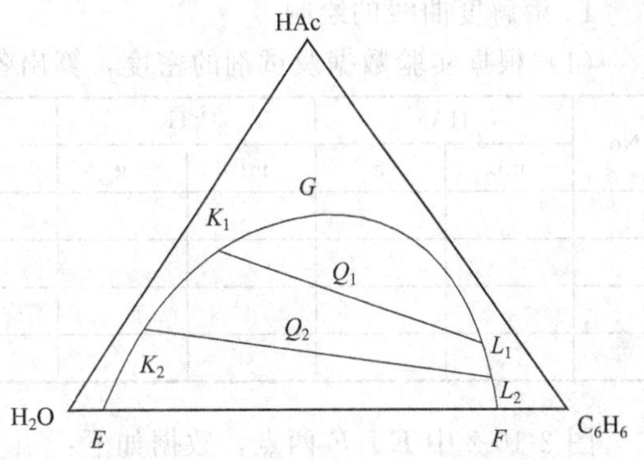

图 2-10-2　共轭溶液的三元相图

本实验是向均相的苯-醋酸体系中滴加水使之变成两相混合物，确定两相间的相互溶解度。

为了绘制连接线，在两相区配制混合溶液，当达平衡时两相的组成一定，只需分析每相中的一个组分的含量，在溶解度曲线上就可以找出每相的组成点，连接共轭溶液组成点的连线，即为连接线。本实验先在两相区内配制两种混合液，然后用 NaOH 分别滴定每对共轭相中的醋酸含量，根据醋酸含量在溶解度曲线上找出每对共轭相的组成点，连接此二组成点即为连接线。

【仪器与试剂】

具塞锥形瓶（100mL 2 个、25mL 4 个）；酸式滴定管（20mL）1 支；碱式滴定管（50mL）1 支；移液管（1mL 和 2mL 各 1 支）；移液管（10mL 和 20mL 各 1 支）；锥形瓶（150mL）2 个。

冰醋酸（A. R.）；苯（A. R.）；标准 NaOH 溶液（0.2mol·L^{-1}）；酚酞指示剂。

【实验步骤】

1. 测定溶解度曲线

（1）在洁净的酸式滴定管内装水，用移液管取 10.00mL 苯及 4.00mL 醋酸于干燥的 100mL 具塞锥形瓶中，然后慢慢滴加水，同时不停摇动，至溶液由清变浑，即为终点，记下水的体积。再向此瓶中加入 5.00mL 醋酸，体系又成均相，再用水滴定至终点，记下水的用量。然后依次用同样的方法加入 8.00mL 和 8.00mL 醋酸，分别用水滴至终点，记录每次各组分的用量。在上述溶液中再加入 10.00mL 苯和 20mL 水，加塞摇动，并每间隔 5min 摇动一次，30min 后用此溶液测连接线。

（2）用移液管取 1.00mL 苯及 2.00mL 醋酸于干燥的 100mL 具塞锥形瓶中，然后慢慢滴加水，至终点，记下水的体积；之后依次加入 1.00mL、1.00mL、1.00mL、1.00mL、2.00mL 和 10.00mL 醋酸，用水滴定至终点；然后依次用同样的方法加入 8.00mL 和 8.00mL 醋酸，分别用水滴至终点，记录每次各组分的用量；最后加入 15.00mL 苯和 20.00mL 水，加塞摇动，并每间隔 5min 摇动一次，30min 后用于测定另一条连接线。

2. 连接线的测定

上面所得的两份溶液，30min 后均分层完全，用干燥的移液管（或滴管）分别吸取上层液约 5mL，下层液约 1mL 于已称重的 4 个 25mL 具塞锥形瓶中，再分别称其重量，然后用水洗入 150mL 锥形瓶中，以酚酞为指示剂，用 0.2mol·L^{-1} 标准氢氧化钠溶液滴定各层溶液中醋酸的含量。

【数据处理】

1. 溶解度曲线的绘制

（1）根据实验数据及试剂的密度，算出各组分的质量分数，列入下表：

No.	HAc		C_6H_6		H_2O		总重	质量分数		
	mL	g	mL	g	mL	g	g	HAc	C_6H_6	H_2O

图 2-10-2 中 E、F 两点，数据如下：

体系		溶解度 w_A/%				
A	B	10℃	20℃	25℃	30℃	40℃
C_6H_6	H_2O	0.163	0.175	0.180	0.190	0.206
H_2O	C_6H_6	0.036	0.050	0.060	0.072	0.102

（2）将以上组成数据在三角形坐标纸上作图，即得溶解度曲线。

2. 连接线的绘制

（1）计算两瓶中最后醋酸、苯和水的质量分数，填入下表：

溶液		质量/g	V_{NaOH}/mL	HAc 含量 w/%
Ⅰ	上层			
	下层			
Ⅱ	上层			
	下层			

（2）将醋酸、苯和水的质量分数标在三角形坐标纸上，即得相应的物系点 Q_1 和 Q_2。

（3）将标出的各相醋酸含量点画在溶解度曲线上，上层醋酸含量画在含苯较多的一边，下层醋酸含量画在含水较多的一边，即可作出两条连接线 K_1L_1 和 K_2L_2，它们应分别通过物系点 Q_1 和 Q_2。

【注意事项】

1. 因所测体系含有水，故玻璃器皿均需干燥。

2. 在滴加水的过程中须一滴滴加入，且需不停摇动锥形瓶，由于分散的“油珠”颗粒能散射光线，所以体系出现浑浊，如在 2～3min 内仍不消失，即到终点。

3. 在实验过程中注意防止或尽可能减少苯和醋酸的挥发，测定连接线时取样要迅速。

【思考题】

1. 为什么根据体系由清变浑的现象即可测定相界？

2. 如连接线不通过物系点，其原因可能是什么？

3. 本实验中根据什么原理求出醋酸-苯-水体系的连接线？

【扩展实验】

1. 设计实验，回收本实验体系中的苯。

2. 醋酸-氯仿-水三对液体间有一对是部分互溶的，其相图与醋酸-苯-水的相似，试设计实验绘制该三元体系的相图。

3. 水-盐相图对溶解、结晶、混合、分离等化学化工过程具有重要的指导作用。无机化工生产中最常用的是三元水盐体系。试设计实验绘制 KCl-HCl-H_2O 三组分系统的相图。

提示：由 KCl、HCl 和 H_2O 组成的三组分体系，在 HCl 含量不太高时，HCl 完全溶于水而形成盐酸，与 KCl 有共同的阴离子 Cl^-。所以当饱和 KCl 溶液中加入盐酸时，同离子效应使 KCl 的溶解度降低。本设计实验即是研究在不同浓度的盐酸中 KCl 的溶解度，通过此实验熟悉盐水体系相图的构筑方法。

实验 11　甲基红电离常数的测定

【实验目的】

1. 掌握分光光度法测定甲基红电离常数的基本原理。
2. 掌握分光光度计及酸度计的使用方法。
3. 用分光光度法测定弱电解质的电离常数。

【实验原理】

电离常数是电解质的重要特性之一，它描述了一定温度下，弱电解质的电离能力。弱电解质的电离常数测定方法有很多，如电导法、电位法、分光光度法等。本实验测定甲基红（弱酸性的）的电离常数，是根据甲基红在电离前后具有不同颜色和对单色光的吸收特性，借助分光光度法原理，测定其电离常数。甲基红在溶液中的电离可表示为：

$(CH_3)_2N$—⟨苯环⟩—N=N—⟨苯环⟩—COOH ⇌ $(CH_3)_2N$—⟨苯环⟩—N=N^+H—⟨苯环⟩—COO^- $\underset{H^+}{\overset{OH^-}{\rightleftharpoons}}$ $(CH_3)_2N$—⟨苯环⟩—N=N—⟨苯环⟩—COO^-

酸式红色-HMR　　　　碱式黄色-MR^-

简写为 $HMR \rightleftharpoons H^+ + MR^-$，则其电离常数 K_c 表示为：

$$K_c = \frac{[H^+][MR^-]}{[HMR]} \tag{2-11-1}$$

或

$$pK_c = pH - \lg \frac{[MR^-]}{[HMR]} \tag{2-11-2}$$

由式（2-11-2）可见，若测得甲基红溶液的 pH 值及 $[MR^-]$ 和 $[HMR]$ 值，即可求得 pK_c 值。pH 值用酸度计测定，$[MR^-]$ 和 $[HMR]$ 用分光光度计测定。

根据朗伯-比耳定律，溶液对单色光的吸收遵守下列关系式：

$$A = -\lg \frac{I}{I_0} = kcl \tag{2-11-3}$$

式中，A 为吸光度；I/I_0 为透光率；c 为溶液的浓度；l 为溶液的厚度；k 为吸光系数。

溶液中如含有一种组分，其对不同波长的单色光的吸收程度，如以波长 λ 为横坐标，吸光度 A 为纵坐标可得一条曲线，如图 2-11-1 中单组分 a 和单组分 b 的曲线均称为吸收曲线，亦称吸收光谱曲线。根据式（2-11-3），当吸收槽长度一定时，则：

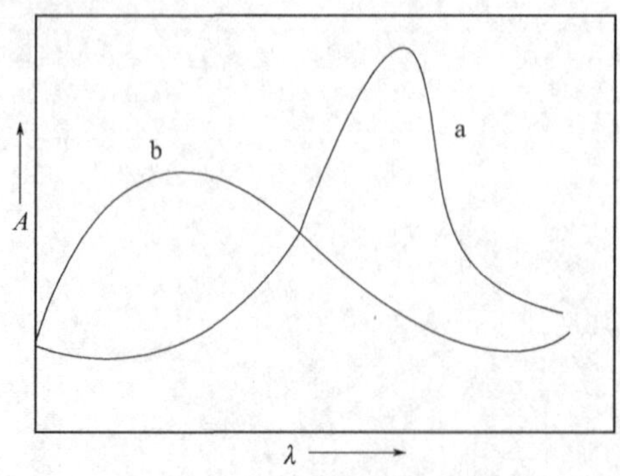

图 2-11-1　部分重合的光吸收曲线

$$A^a = k^a c_a \tag{2-11-4}$$

$$A^b = k^b c_b \tag{2-11-5}$$

如在该波长时，溶液遵守朗伯-比耳定律，可选用此波长进行单组分测定。

溶液中如含有两种组分或两种以上组分，又具有特征光吸收曲线，并在各组分吸收曲线互不干扰时，可在不同波长下，对各组分进行分光光度测定。

当溶液中两组分 a 和 b 各具有特征光吸收曲线，且均遵守朗伯-比耳定律，但吸收曲线部分重合，如图 2-11-1 所示，则两组分溶液的吸光度应等于各组分吸光度之和，即吸光度具有加和性。当吸收槽长度一定时，则混合溶液在波长分别为 λ_a 和 λ_b 时的光密度 $A_{\lambda_a}^{a+b}$ 和 $A_{\lambda_b}^{a+b}$ 可表示为：

$$A_{\lambda_a}^{a+b} = A_{\lambda_a}^{a} + A_{\lambda_a}^{b} = k_{\lambda_a}^{a} c_a + k_{\lambda_a}^{b} c_b \tag{2-11-6}$$

$$A_{\lambda_b}^{a+b} = A_{\lambda_b}^{a} + A_{\lambda_b}^{b} = k_{\lambda_b}^{a} c_a + k_{\lambda_b}^{b} c_b \tag{2-11-7}$$

由光谱曲线可知，组分 a 代表 HMR，组分 b 代表 MR^-，根据式（2-11-6）和式（2-11-7）可得到［MR^-］，即

$$c_b = \frac{A_{\lambda_a}^{a+b} - k_{\lambda_a}^{a} c_a}{k_{\lambda_a}^{b}} \tag{2-11-8}$$

将式（2-11-8）代入式（2-11-7）则可得［HMR］，即

$$c_a = \frac{A_{\lambda_b}^{a+b} k_{\lambda_a}^{b} - A_{\lambda_a}^{a+b} k_{\lambda_b}^{b}}{k_{\lambda_b}^{a} k_{\lambda_a}^{b} - k_{\lambda_b}^{b} k_{\lambda_a}^{a}} \tag{2-11-9}$$

式中，$k_{\lambda_a}^{a}$，$k_{\lambda_a}^{b}$，$k_{\lambda_b}^{a}$ 和 $k_{\lambda_b}^{b}$ 分别表示单组分在波长 λ_a 和 λ_b 时的 k 值。λ_a 和 λ_b 可以通过测定单组分的光吸收曲线，分别求得其最大吸收波长。如在该波长下，各组分均遵守朗伯-比耳定律，则测得的吸光度与单组分浓度应为线性关系，直线的斜率即为 k 值，再通过两组分的混合溶液可以测得 $A_{\lambda_a}^{a+b}$ 和 $A_{\lambda_b}^{a+b}$，根据式（2-11-8）和式（2-11-9）可以求出［HMR］和［MR^-］值。

【仪器与试剂】

分光光度计 1 台；酸度计 1 台；饱和甘汞电极 1 支；玻璃电极 1 支；容量瓶（500mL 1 个、100mL 7 个、50mL 2 个、25mL 8 个）；量筒（50mL）1 个；烧杯（50mL）4 个；移液管（25mL 1 支、10mL 2 支、5mL 1 支）。

95％乙醇（A.R.）；盐酸（0.01mol·L^{-1}、0.1mol·L^{-1}）；甲基红（A.R.）；醋酸钠（0.05mol·L^{-1}、0.01mol·L^{-1}）；醋酸（0.02mol·L^{-1}）。

【实验步骤】

1. 制备溶液

（1）甲基红溶液：称取 0.4000g 甲基红，加入 300mL 95％乙醇，待溶解后，用蒸馏水稀释至 500mL 容量瓶中。

（2）甲基红标准溶液：取 10.00mL 上述溶液，加入 50mL 95％乙醇，用蒸馏水稀释至 100mL 容量瓶中。

（3）溶液 a：取 10.00mL 甲基红标准溶液，加入 0.1mol·L^{-1} 盐酸 10.00mL，用蒸馏水稀释至 100mL 容量瓶中。

（4）溶液 b：取 10.00mL 甲基红标准溶液，加入 0.05mol·L^{-1} 醋酸钠 20.00mL，用蒸馏水稀释至 100mL 容量瓶中。将溶液 a、b 和空白液（蒸馏水）分别放入三个洁净的比色皿内。

2. 吸收光谱曲线的测定

用分光光度计（使用方法见附录 1 仪器 7）测定溶液 a 和 b 的吸收光谱曲线，求出最大吸收峰的波长。波长从 380nm 开始，每隔 20nm 测定一次，直至波长为 600nm 为止。作 A-λ 曲线，求出波长 λ_a 和 λ_b 值。

3. 验证朗伯-比耳定律，并求出 $k^a_{\lambda_a}$，$k^b_{\lambda_a}$，$k^a_{\lambda_b}$ 和 $k^b_{\lambda_b}$

（1）分别移取 a 溶液 5.00mL、10.00mL、15.00mL 和 20.00mL 于 4 个 25mL 容量瓶中，然后用 0.01mol·L^{-1} 盐酸稀释至刻度，此时甲基红主要以 HMR 形式存在。

（2）分别移取 b 溶液 5.00mL、10.00mL、15.00mL 和 20.00mL 于 4 个 25mL 容量瓶中，用 0.01mol·L^{-1} 醋酸钠稀释至刻度，此时甲基红主要以 MR^- 形式存在。

（3）在溶液 a 和溶液 b 的最大吸收峰 λ_a 和 λ_b 处，分别测定上述各溶液的吸光度 $A^a_{\lambda_a}$、$A^b_{\lambda_a}$、$A^a_{\lambda_b}$ 和 $A^b_{\lambda_b}$。如果在 λ_a、λ_b 处，上述溶液符合朗伯-比耳定律，则可得四条 A-c 直线，由此可求出四个 k 值。

4. 测定混合溶液的总吸光度及 pH 值

（1）按照下表配制 4 种混合溶液，再用蒸馏水稀释到 100mL 容量瓶中。

No.	试剂用量/mL		
	甲基红标准液	醋酸钠溶液(0.05mol·L^{-1})	醋酸溶液(0.02mol·L^{-1})
1	10	20	50
2	10	20	25
3	10	20	10
4	10	20	5

（2）分别用 λ_a 和 λ_b 波长测定上述 4 种溶液的总吸光度。

（3）对酸度计（使用方法见附录 1 仪器 8）进行校正后，分别测定上述 4 种溶液的 pH 值。

【数据处理】

1. 设计表格，记录步骤 3 和 4 中的数据。

2. 根据实验步骤 2 测得的数据作 A-λ 图，绘制溶液 A 和溶液 B 的吸收光谱曲线，求出最大吸收峰的波长 λ_a 和 λ_b。

3. 实验步骤 3 中得到 4 组 A-c 关系图，从图上可求得单组分溶液 A 和溶液 B 在波长各为 λ_a 和 λ_b 时的四个吸光系数 $k^a_{\lambda_a}$、$k^b_{\lambda_a}$、$k^a_{\lambda_b}$ 和 $k^b_{\lambda_b}$。

4. 由实验步骤 4 所测得的混合溶液的总吸光度，根据式（2-11-8）、式(2-11-9)，求出各混合溶液中［HMR］和［MR^-］值。

5. 根据测得的 pH 值，按式（2-11-2）求出各混合溶液中甲基红的电离平衡常数。

【注意事项】

1. 使用分光光度计时，先接通电源，预热 20min。为了延长光电管的寿命，在不测定时，应将暗盒盖打开。

2. 使用酸度计前应预热半小时，使仪器稳定。

3. 玻璃电极使用前需在蒸馏水中浸泡一昼夜。

4. 使用饱和甘汞电极时应将上面的小橡皮塞及下端橡皮套取下来，以保持液位压差。

【思考题】

1. 测定的溶液中为什么要加入盐酸、醋酸钠和醋酸？

2. 在测定吸光度时，为什么每个波长都要用空白液校正零点？理论上应该用什么溶液作为空白溶液？本实验用的是什么溶液？

3. 温度对测定结果有何影响？

【扩展实验】

查阅文献，设计实验，利用分光光度法测定溴酚蓝的热力学解离常数。

注：溴酚蓝（BPB）是分析化学中常用的一种酸碱指示剂，其变色范围为 pH 在 3.1～4.6 之间。当 pH≤3.1 时，溶液的颜色主要由酸式结构引起，呈黄色；当 pH≥4.6 时，溶液的颜色主要由碱式结构引起，呈蓝色。由于其本身带有颜色且在有机溶剂中电离度很小，所以用一般的化学分析法或其他物理化学方法很难测定其电离平衡常数，而分光光度法可以利用不同波长对其组分的不同吸收来确定体系中组分的含量，从而求算溴酚蓝的电离平衡常数。

2.2 电化学

实验12 离子迁移数的测定

实验12-1 希托夫法

【实验目的】

1. 掌握希托夫法（Hittorf）测定离子迁移数的原理及方法。

2. 了解电量计的使用原理及方法。

3. 测定 H_2SO_4 溶液中 H^+ 和 SO_4^{2-} 的迁移数。

【实验原理】

当电流通过电解质溶液时，溶液中的阳离子和阴离子分别向阴、阳两极迁移。由于各种离子的迁移速度不同，各自所运载的电量也必然不同。每种离子运载的电量（Q_B）与通过溶液的总电量（Q）之比，称为该离子的迁移数（t_B），用公式表示为：

$$t_B = \frac{Q_B}{Q} \tag{2-12-1}$$

测定离子迁移数对了解离子的性质具有重要意义。其测定方法主要有希托夫法、界面移动法和电动势法等。希托夫法测定离子迁移数的原理如图 2-12-1 所示。将已知浓度的硫酸装入迁移管中，若有 Q 库仑电量通过体系，在阴极和阳极上分别发生如下反应：

阳极： $2OH^- \longrightarrow H_2O + 1/2O_2 + 2e^-$

阴极： $2H^+ + 2e^- \longrightarrow H_2$

此时溶液中 H^+ 向阴极方向迁移，SO_4^{2-} 向阳极方向迁移。因为流过每一截面的电量都相同，因此离开与进入假想中间区的 H^+ 数相同，SO_4^{2-} 数也相同，所以中间区 H^+ 的浓度在电解过程中保持不变。电极反应与离子迁移引起的总结果是阴极区的 H_2SO_4 浓度减小，阳极区的 H_2SO_4 浓度增大，且增大与减小的浓度数值相等。由此可以通过分析阴极区或阳极区 H_2SO_4 浓度的变化，求出 SO_4^{2-} 或 H^+ 运载的电量。总电量可以通过串联在电路中的电量计求出。

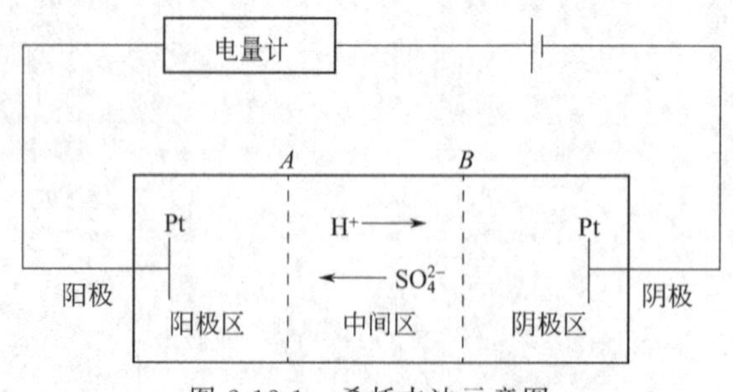

图 2-12-1　希托夫法示意图

实验装置如图 2-12-2，电极远离中间区，中间区的连接处又很细，能有效地阻止扩散，保证了中间区浓度不变。

计算 H_2SO_4溶液中离子迁移数的公式如下：

$$t_{SO_4^{2-}}=\frac{\text{阴极区}\left(\frac{1}{2}H_2SO_4\right)\text{减少的量(mol)}\times F}{Q}$$
$$=\frac{\text{阳极区}\left(\frac{1}{2}H_2SO_4\right)\text{增加的量(mol)}\times F}{Q}$$
$$t_{H^+}=1-t_{SO_4^{2-}} \qquad (2\text{-}12\text{-}2)$$

式中，F 为法拉第（Farady）常数。

式（2-12-2）中阴极液通电前后$\frac{1}{2}H_2SO_4$ 减少的量 n 可通过式（2-12-3）计算：

$$n=\frac{(c_0-c)V}{1000} \qquad (2\text{-}12\text{-}3)$$

式中，c_0 为$\frac{1}{2}H_2SO_4$的原始浓度；c 为通电后$\frac{1}{2}H_2SO_4$的浓度；V 为阴极液的体积，mL，由 $V=m/\rho$ 求算（式中，m 为阴极液的质量；ρ 为阴极液的密度，20℃时 $0.1\text{mol}\cdot\text{L}^{-1}$ H_2SO_4的$\rho=1.002\text{g}\cdot\text{cm}^{-3}$）。

通过溶液的总电量可用气体电量计测定，如图 2-12-3 所示，其准确度可达±0.1%，它的原理实际上就是电解水（为减小电阻，水中加入几滴浓硫酸），电解产生的 H_2 和 O_2 的体积可从电量计上读取。

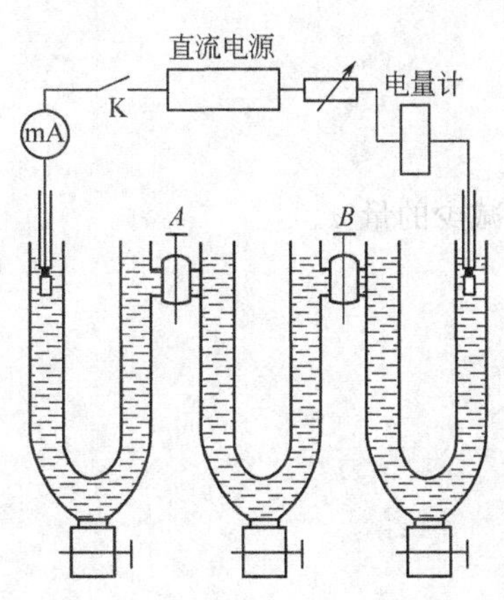

图 2-12-2　希托夫法实验装置示意图

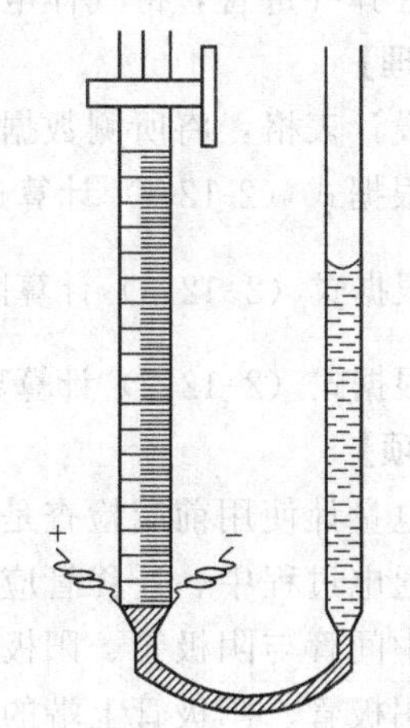

图 2-12-3　气体电量计示意图

根据法拉第定律及理想气体状态方程，并由 H_2 和 O_2 的体积得到求算总电量的公式如下：

$$Q=\frac{4(p-p_w)VF}{3RT} \qquad (2\text{-}12\text{-}4)$$

式中，p 为实验时大气压（从压力表中读取）；p_w为实验温度 T 时水的饱和蒸气压（见附表 13）；V 为 H_2 和 O_2混合气体的体积。

希托夫法测迁移数包含了至少两个假定：①电的输送者只是电解质离子，溶剂（水）不导电，这和实际情况比较接近。②离子不水化，迁移时只是离子本身迁移。实际上由于离子的水化作用，离子迁移时是附着水分子的，由于阴阳离子的水化程度不同，使得阴阳极区浓度改变部分是由水分子迁移所致。这种不考虑水化现象测得的迁移数称为表观迁移数。

【仪器与试剂】

迁移管 1 套；铂电极 2 支；精密稳流电源 1 台；气体电量计 1 套；分析天平 1 台；碱式滴定管（25mL）3 支；三角瓶（100mL）3 个；移液管（10mL）3 支；烧杯（50mL）3 个；容量瓶（250mL）1 个。

浓硫酸；NaOH（$0.1000mol\cdot L^{-1}$）；酚酞指示剂。

【实验步骤】

1. 配制 $c\left(\frac{1}{2}H_2SO_4\right)$ 为 $0.2mol\cdot L^{-1}$ 的 H_2SO_4 溶液 250mL，并用标准 NaOH 溶液标定其浓度。然后用该 H_2SO_4 溶液冲洗迁移管后，装满迁移管。

2. 打开气体电量计活塞，移动水准管，使气量管内液面升到起始刻度，关闭活塞，比平后记下液面起始刻度。

3. 按图 2-12-2 接好线路，将稳流电源的"调压旋钮"旋至最小处。经教师检查后，接通开关 K，打开电源开关，旋转"调压旋钮"使电流强度为 10～15mA，通电约 1.5h 后，立即夹紧两个连接处的夹子，并关闭电源。

4. 将阴极液（或阳极液）放入一个已称重的洁净干燥的烧杯中，并用少量原始 H_2SO_4 溶液冲洗阴极管（或阳极管）一并放入烧杯中，然后称重。中间液放入另一洁净干燥的烧杯中。

5. 取 10mL 阴极液（或阳极液）放入三角瓶内，用标准 NaOH 溶液标定。再取 10mL 中间液标定之，检查中间液浓度是否变化。

6. 轻弹气量管，待气体电量计气泡全部逸出后，比平后记录液面刻度。

【数据处理】

1. 设计表格，将所测数据列于表中。

2. 根据式（2-12-4）计算通过溶液的总电量 Q。

3. 根据式（2-12-3）计算阴极液通电前后 $\frac{1}{2}H_2SO_4$ 减少的量 n。

4. 根据式（2-12-2）计算离子的迁移数 t_{H^+} 及 $t_{SO_4^{2-}}$。

【注意事项】

1. 电量计使用前应检查是否漏气。

2. 通电过程中，迁移管应避免振动。

3. 中间管与阴极管、阳极管连接处不留气泡。

4. 阴极管、阳极管上端的塞子不能塞紧。

【思考题】

1. 通过电量计阴极的电流密度为什么既不能太大也不能太小？

2. 影响离子迁移数的因素主要有哪些？

3. 如何保证电量计中测得的气体体积是在实验大气压下的体积？

4. 为什么不用蒸馏水，而用原始溶液冲洗电极？

【扩展实验】

1. 设计实验测定食盐中氯离子和钠离子的迁移数。

2. 希托夫法测定离子迁移数时，为了使结果可靠，必须做到中间区浓度在通电前后完全不变。影响中间区浓度改变的主要因素是溶液的扩散，实验中很难控制，试改进实验，最大限度地消除这种误差。

实验 12-2　界面移动法

【实验目的】

1. 掌握界面移动法测定离子迁移数的原理和方法。
2. 掌握图解积分测定电荷的方法。
3. 采用界面法测定 HCl 水溶液中 H^+ 的迁移数。

【实验原理】

电解质溶液导电是靠溶液内的离子定向移动和电极反应来实现的。通过溶液的总电量 Q 是向两极迁移的阴、阳离子所输送电量的总和。若两种离子传递的电量分别为 Q_- 和 Q_+，则：

$$Q = Q_+ + Q_- \tag{2-12-5}$$

每种离子传递的电量与总电量之比，称为离子迁移数。阴离子的迁移数 $t_- = \dfrac{Q_-}{Q}$，阳离子的迁移数 $t_+ = \dfrac{Q_+}{Q}$，且

$$t_+ + t_- = 1 \tag{2-12-6}$$

界面移动法分为两种，一种是用两种指示离子，形成两个界面；另一种是用一种指示离子，只有一个界面。本实验采用后一种方法，以镉离子作为指示离子测定盐酸中氢离子的迁移数。实验装置如图 2-12-4 所示。在一截面均匀的垂直迁移管中，装满含甲基橙指示剂的 HCl 溶液，顶部与铂电极相连，作阴极，底部与镉电极相连，作阳极。通电后，H^+ 向铂电极迁移，放出氢气，Cl^- 向镉电极迁移，且在底部与由镉电极氧化而生成的 Cd^{2+} 形成 $CdCl_2$ 溶液，逐步替代 HCl 溶液。由于 Cd^{2+} 的电迁移率小于 H^+ 的，所以迁移管底部的 Cd^{2+} 总是跟在 H^+ 后面向上迁移。因为 $CdCl_2$ 与 HCl 对指示剂呈现不同的颜色，因此在迁移管内形成了一个明显的界面。下层 Cd^{2+} 层为黄色，上层 H^+ 层为红色。该界面移动的速度即为 H^+ 迁移的平均速度。

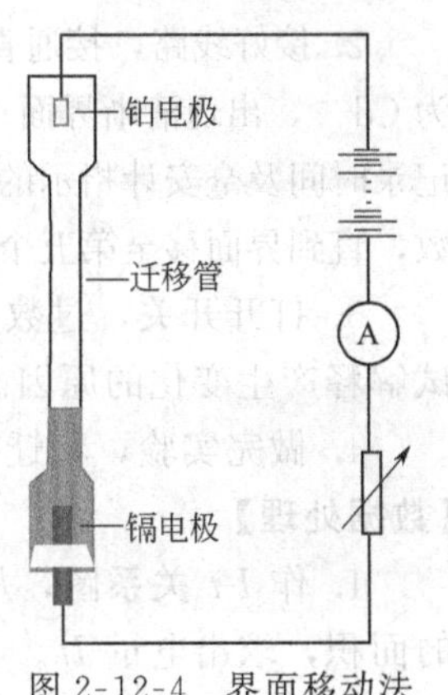

图 2-12-4　界面移动法实验装置示意图

若 H^+ 的浓度为 c，实验测得 t 时间内界面扫过的体积为 V，则 H^+ 的迁移数为：

$$t_{H^+} = \frac{Q_+}{Q} = \frac{VcF}{It} \tag{2-12-7}$$

式中，I 为电流强度；F 为法拉第常数。

通过的电流可以用电势差计和标准电阻精确测量，也可以用精密的毫安计直接测量。

应该指出，由于溶液要保持电中性，且任一截面都不会中断传递电流，H^+ 迁移出的区域，Cd^{2+} 会紧紧地跟上。这样，稳定界面的存在意味着 Cd^{2+} 的迁移速率与 H^+ 的迁移速率相等。即：

$$u_{Cd^{2+}} \frac{dE'}{dL} = u_{H^+} \frac{dE}{dL} \tag{2-12-8}$$

式中，$u_{Cd^{2+}}$ 和 u_{H^+} 分别为 Cd^{2+} 和 H^+ 的电迁移率（离子淌度）；$\dfrac{dE'}{dL}$ 和 $\dfrac{dE}{dL}$ 分别为 $CdCl_2$ 溶液和 HCl 溶液中的电位梯度。

由于 $u_{Cd^{2+}} < u_{H^+}$，故

$$\frac{dE'}{dL} > \frac{dE}{dL}$$

即在 $CdCl_2$ 溶液中电势梯度 $\frac{dE'}{dL}$ 是较大的。因此，若 H^+ 因扩散作用落入 $CdCl_2$ 溶液层，它就不仅比 Cd^{2+} 迁移得快，而且比界面上的 H^+ 迁移得也要快，以便能赶回到 HCl 溶液层。同样，若任何 Cd^{2+} 进入低电势梯度的 HCl 溶液，它就要减速，一直到它们重又落后于 H^+ 为止。这样，形成并保持了稳定的界面。同时，随着界面上移，H^+ 浓度减小，Cd^{2+} 浓度增大，迁移管内溶液的电阻不断增大，整个回路的电流会逐渐减小。

【仪器与试剂】

迁移管 1 个；直流稳压电源 1 台；毫安计 1 台；停表 1 个。

HCl 溶液（$0.1mol \cdot L^{-1}$）；甲基橙。

【实验步骤】

1. 配制及标定浓度约为 $0.1mol \cdot L^{-1}$ HCl 溶液，配制时每升溶液中加入甲基橙少许，使溶液呈红色（也可用甲基紫，它在酸中显蓝色，在氯化镉溶液中显蓝紫色）。

用少量溶液将迁移管洗两次。然后在整个管中装满 HCl 溶液。注意：切勿使管壁或镉电极上黏附气泡。将管垂直固定避免振动。按照图 2-12-4 接好线路，检查无误后开始实验。

2. 接好线路，接通直流电源。控制电流在 6～7mA 之间。随着电解的进行，阳极镉会溶解变为 Cd^{2+}，出现清晰界面。当界面移动到迁移管第一个刻度时，立即打开停表。此后，每隔 1min 记录时间及毫安计指示的电流一次。当界面移动至第二、第三刻度时，记下相应的时间和电流读数，直到界面移至第五个刻度（每刻度的间隔为 0.1mL），按停表，记录时间和电流强度。

3. 打开开关，过数分钟后，观察界面有何变化。再合上开关，过数分钟后，再观察之。试解释产生变化的原因。

4. 做完实验，将迁移管洗净并充满蒸馏水。

【数据处理】

1. 作 I-t 关系图，从界面扫过刻度一～四，二～五，一～五所对应的时间内曲线所包围的面积，求出电量 It。

2. 求出相应刻度间的体积（迁移管的体积可用称量充满两刻度间的水的质量校正）。

3. 将体积、时间与电量数据列表。

4. 根据式（2-12-7）求迁移数，取平均值与文献值（见附表 19）比较。

5. 讨论与解释实验中观察到的现象。

【注意事项】

1. 毫安计使用前需进行校正。

2. 通电过程中，迁移管应避免振动。

【思考题】

1. 测量某一电解质离子迁移数时，指示离子应如何选择，指示剂应如何选择？

2. 如何计算迁移管中 Cl^- 的迁移速率？

3. 迁移数与哪些因素有关？

【扩展实验】

本实验中使用的镉电极具有一定毒性，请查阅文献，设计用铜电极代替镉电极测定 HCl 溶液中 H^+ 的迁移数。

实验13 强电解质溶液无限稀释摩尔电导率的测定

【实验目的】

1. 理解溶液的电导、电导率和摩尔电导率的概念。

2. 掌握用电导率仪测定强电解质溶液电导率的原理和方法。

3. 通过对 KCl 溶液电导率的测定，用外推法求其无限稀释摩尔电导率。

【实验原理】

1. 电解质的电导、电导率与摩尔电导率

对于电解质溶液，常用电导表示其导电能力的大小。电导 G 为电阻 R 的倒数，即

$$G=\frac{1}{R} \tag{2-13-1}$$

电导的单位为西门子，用 S 或 Ω^{-1} 表示。

电导与导体的面积 A 成正比，与导体的长度 l 成反比，即

$$G=\kappa\frac{A}{l} \tag{2-13-2}$$

式中，κ 为电导率，$S \cdot m^{-1}$。其物理意义是电极面积各为 $1m^2$、两极间相距 1m 时溶液的电导。其数值与电解质的种类、溶液的浓度及温度等因素有关。

摩尔电导率是指在相距 1m 的两个平行电极之间充入含 1mol 电解质的溶液时所具有的电导，用公式表示为

$$\Lambda_m=\kappa V_m=\frac{\kappa}{c} \tag{2-13-3}$$

式中，V_m 为含有 1mol 电解质的溶液的体积；c 为电解质溶液的物质的量浓度；Λ_m 的单位为 $S \cdot m^2 \cdot mol^{-1}$。

当溶液的浓度逐渐减小时，由于溶液中离子间的相互作用力减弱，所以摩尔电导率逐渐增大。柯尔劳施（Kohlrausch）根据实验结果得出结论：在很稀的溶液中，强电解质的摩尔电导率与其浓度的平方根成直线关系，即

$$\Lambda_m=\Lambda_m^{\infty}-A\sqrt{c} \tag{2-13-4}$$

式中，A 为常数；Λ_m^{∞} 为电解质溶液在浓度 $c \to 0$ 时的摩尔电导率，称为无限稀释摩尔电导率。可见，以 Λ_m 对 $\sqrt{c}$ 作图应得一直线，其截距为 Λ_m^{∞}。

2. 溶液电导率的测定

溶液的电导率一般用电导率仪配以电导池进行测定，电导池与循环水相接以控制待测溶液的温度。电导率仪的使用和电极的选择见附录 1 仪器 9。

【仪器与试剂】

电导率仪（电导池、铂黑电极）1 套；恒温槽 1 台；容量瓶（100mL）6 个；移液管（1mL、5mL、10mL 各 1 支）。

0.1000$mol \cdot L^{-1}$ KCl 溶液；电导水。

【实验步骤】

1. 将电导池与恒温槽连接，调节恒温槽温度为（25±0.1)℃。

2. 配制 0.1000$mol \cdot L^{-1}$KCl 溶液：取 1.000$mol \cdot L^{-1}$KCl 溶液 10mL 稀释于 100mL 的容量瓶中，定容至 100mL。

3. 配制待测溶液：用 0.1000mol·L^{-1} KCl 溶液和电导水逐级稀释，分别配制 0.0500mol·L^{-1}、0.0100mol·L^{-1}、0.0050mol·L^{-1}、0.0010mol·L^{-1}、0.0005mol·L^{-1}和 0.0001mol·L^{-1} KCl 溶液各 100mL。

4. 用电导水洗涤电导池和铂黑电极 2～3 次，然后注入待测溶液。恒温约 10min，用电导率仪测其电导率，每份溶液重复测定三次。自低浓度至高浓度，分别测定上述 6 份溶液的电导率。

【数据处理】

1. 计算不同浓度下 KCl 溶液的摩尔电导率 Λ_m，并将所测数据与计算结果列表。

2. 以 Λ_m 对$\sqrt{c}$作图，由所得直线的截距求出 KCl 的 Λ_m^∞。

3. 参考附表 21 中离子的无限稀释摩尔电导率，利用离子独立移动定律计算 Λ_m^∞，将实验结果与计算值进行比较，求出相对误差，分析误差产生的原因。

【注意事项】

1. 本实验所用溶液全部用电导水配制，如果用蒸馏水配制，应先测得蒸馏水的电导，并在测得溶液的电导中扣除此值。

2. 如果测量时，预先不知道被测溶液电导率的大小，应先把量程开关置于最大电导率测量挡，然后逐挡下降。

3. 处理数据时，注意电导率单位的换算（电导率仪上的单位为 μS·cm^{-1}，计算过程需要换算为 S·m^{-1}）。

4. 每次测定后，必须用下一个待测溶液充分润洗电极和电导池。

5. 电导率仪在使用前，要预热半个小时使仪器稳定。

【思考题】

1. 为什么强电解质的摩尔电导率随溶液浓度的减小而增大？

2. 在测量电导率时能否自高浓度至低浓度测量？为什么？

【扩展实验】

1. 温度对电导率、摩尔电导率和无限稀释摩尔电导率都有很大影响，设计实验探讨温度对 KCl 溶液无限稀释摩尔电导率的影响。

提示：在不同温度下，测定不同浓度 KCl 溶液的电导率，外推得到不同温度下的无限稀释摩尔电导率。

2. 设计实验测定 HCl 的无限稀释摩尔电导率，并与 KCl 的无限稀释摩尔电导率进行比较，对结果进行合理解释。

实验 14 电导法测定弱电解质的电离常数和难溶盐的溶度积

【实验目的】

1. 掌握电导法测定弱电解质的电离常数和难溶盐的溶度积的原理。

2. 熟练掌握电导率仪的使用方法。

3. 测定醋酸的电离常数及 $BaSO_4$ 的溶度积。

【实验原理】

电导法是以测定溶液的电导（或电导率）为基础的一种物理化学方法。具有样品用量少，操作简便迅速，灵敏度极高等特点，在工农业生产、食品检测、环境监测等领域得到了广泛应用。本实验用电导法测定弱电解质 HAc 的电离常数和难溶盐 $BaSO_4$ 的溶度积。

1. 弱电解质电离常数的测定

起始浓度为 c 的 AB 型弱电解质在溶液中的电离达到平衡，其电离平衡常数 K_c 与电离度 α 的关系为：

$$AB \rightleftharpoons A^- + B^+$$

$$\begin{array}{llll} t=0 & c & 0 & 0 \\ t=t_e & c(1-\alpha) & c\alpha & c\alpha \end{array}$$

$$K_c = \frac{c\alpha^2}{1-\alpha} \tag{2-14-1}$$

由于弱电解质的电离度很小，因此离子间的相互作用对离子的电迁移率影响可忽略不计，则：

$$\alpha \approx \frac{\Lambda_m}{\Lambda_m^\infty} \tag{2-14-2}$$

Λ_m 和 Λ_m^∞ 分别是弱电解质溶液的摩尔电导率和无限稀释摩尔电导率。摩尔电导率是指把含有 1mol 电解质的溶液置于相距 1m 的两个平行电极之间的电导，其单位为$S \cdot m^2 \cdot mol^{-1}$。

把式（2-14-2）代入式（2-14-1）可得：

$$K_c = \frac{c\Lambda_m^2}{\Lambda_m^\infty(\Lambda_m^\infty - \Lambda_m)} \tag{2-14-3}$$

该式即为 Ostwald 稀释定律，可改写为：

$$\frac{1}{\Lambda_m} = \frac{c\Lambda_m}{K_c(\Lambda_m^\infty)^2} + \frac{1}{\Lambda_m^\infty} \tag{2-14-4}$$

Λ_m根据式（2-14-5）求出

$$\Lambda_m = \frac{\kappa}{c} = \frac{\kappa(c) - \kappa(H_2O)}{c} \tag{2-14-5}$$

式中，$\kappa(c)$和$\kappa(H_2O)$分别为不同浓度 HAc 水溶液和纯水的电导率。由式（2-14-4）可见，以 $1/\Lambda_m$对 $c\Lambda_m$作图，得一直线，直线的斜率为 $1/[K_c(\Lambda_m^\infty)^2]$，截距为 $1/\Lambda_m^\infty$，从而可求出 K_c。

2. $BaSO_4$溶度积 K_{sp}的测定

利用电导率法能方便地求出难溶盐的溶解度，进而得到其溶度积 K_{sp}值。$BaSO_4$ 的溶解平衡可表示为：

$$BaSO_4 \rightleftharpoons Ba^{2+} + SO_4^{2-}$$

$$K_{sp}=c(Ba^{2+})c(SO_4^{2-})=c^2 \tag{2-14-6}$$

由于$BaSO_4$的溶解度很小，饱和溶液的浓度很小，所以式（2-14-5）中Λ_m可近似等于Λ_m^∞，其值可查表求得（见附表21）；c为饱和溶液中难溶盐的浓度。

$$\Lambda_m^\infty(BaSO_4)\approx\Lambda_m(BaSO_4)=\frac{\kappa(BaSO_4)}{c} \tag{2-14-7}$$

式中，$\kappa(BaSO_4)$是$BaSO_4$的电导率，电导率的测定方法见实验13。实验中只要测定难溶盐饱和溶液的电导率κ(溶液)和水的电导率$\kappa(H_2O)$，就可以求出$\kappa(BaSO_4)$：

$$\kappa(BaSO_4)=\kappa(\text{溶液})-\kappa(H_2O) \tag{2-14-8}$$

再利用式（2-14-7）求出溶解度，最后求出K_{sp}。

【仪器与试剂】

电导率仪1台；超级恒温水浴1套；电导池1只；电导电极1支；容量瓶（100mL）5个；移液管（25mL 1支、50mL 1支）；洗瓶1个；洗耳球1个。

HAc（0.100mol•L^{-1}）；$BaSO_4$（A. R.）。

【实验步骤】

1. 电极常数的标定

以实验室常用的电导电极常数1.0为例。

电导池通恒温水，加入0.01mol•L^{-1} KCl溶液，电导率仪“量程”挡位调至“2mS•cm^{-1}”，“温度”挡位调至“25.0℃”，调至“测量”挡位，旋转“常数”旋钮，使电导率仪显示恒温水温度下0.01mol•L^{-1}KCl的电导率值。调至“校准”挡位，此时显示的数值即为此时电导电极常数，记录并和标定的出厂数值比较。实验过程中，调至“测量”挡位，“常数”挡位固定，不可调动。

2. HAc电离常数的测定

（1）溶液的配制。使用电导水，在100mL容量瓶中配制浓度为原始醋酸浓度（0.100mol•L^{-1}）的1/4、1/8、1/16、1/32、1/64的溶液5份。

（2）将恒温槽温度调至（25.0±0.1)℃或（30.0±0.1)℃。用电导水洗涤电导池和铂黑电极2～3次，然后注入电导水，恒温后测其电导率，重复测定三次。

（3）测定HAc溶液的电导率。倒去电导池中的水，将电导池和铂黑电极用少量待测溶液洗涤2～3次，最后注入待测溶液。恒温约10min，用电导率仪（使用方法见附录1仪器9）测其电导率，每份溶液重复测定三次。按照浓度由小到大的顺序，测定5种不同浓度HAc溶液的电导率。

3. $BaSO_4$溶度积K_{sp}的测定

（1）测定电导水的电导率。

（2）取约1g $BaSO_4$，加入约80mL电导水，煮沸3～5min，静置片刻后，倾倒上层清液，以除去$BaSO_4$中的少量可溶性杂质。再加电导水，煮沸，倾倒清液，连续进行五次，第五次和第六次的清液恒温后，分别测其电导率。若两次测得的电导率值相近，则表明$BaSO_4$中的杂质已清除干净，清液即为饱和$BaSO_4$溶液。

（3）实验完毕将电极洗净，浸在电导水中。

【注意事项】

1. 电导池不用时，应把两铂黑电极浸在电导水中，以免干燥致使表面发生改变。

2. 实验中温度要恒定，同一实验测量须在同一温度下进行。

3. 测定前，必须将电导电极及电导池洗涤干净，以免影响测定结果。

【数据处理】

1. 列表记录不同浓度 HAc 水溶液的电导率和电导水的电导率，根据式（2-14-5）计算醋酸的摩尔电导率 Λ_m，计算结果一并列入表中。

2. 按式（2-14-4）以 $c\Lambda_m$ 对 $1/\Lambda_m$ 作图，求出直线的斜率和截距，并求出 K_c。

3. 根据式（2-14-7）求出 $BaSO_4$ 的浓度，进而根据式（2-14-6）计算 $BaSO_4$ 的 K_{sp}。

4. 将实验结果与文献值（见附表 23 和附表 24）进行比较，分析误差产生的原因。

【思考题】

1. 测电导时为什么要恒温？

2. 实验中为何用镀铂黑电极？使用时注意事项有哪些？

3. 上述实验中，为何水的电导率不能忽略？

【扩展实验】

1. 电导率的测定方法可非常方便地用于检验水的纯度，试设计实验，测定蒸馏水、自来水、海水及未知水样的电导率，从而推测水的纯度。

2. 电导法可用于食品检测领域，请查阅文献，设计实验判断食用植物油中是否掺入地沟油？

实验 15　电导滴定法测定溶液的浓度

【实验目的】

1. 掌握电导滴定法测定溶液浓度的原理与方法。
2. 测定 NaOH、Na_2SO_4溶液的浓度。
3. 掌握电导率仪的使用。

【实验原理】

利用测量待测溶液在滴定过程中电导的变化来指示滴定终点的方法称为电导滴定法。电导滴定法能准确地测定溶液中浓度较小的物质，可用于酸碱中和反应、沉淀反应、配位反应以及氧化还原反应。当溶液很稀、溶液浑浊及溶液受颜色干扰而不易使用指示剂判定滴定终点时，此法更为有效。

被滴定溶液中的一种离子与滴入试剂中的另一种离子结合，使得溶液中离子浓度发生变化，或者被滴定溶液中原有的离子被另一种迁移速率不同的离子所代替，从而导致溶液的电导率（κ）值发生变化。滴定过程中测量电导率随滴入溶液体积（V）的变化值，以电导率对滴入溶液的体积作图，再将两条直线部分外推，所得交点即为滴定终点。

图 2-15-1（a）为强电解质 HCl 滴定 NaOH 的 κ-V 曲线，当逐渐滴入 HCl 后，溶液中的 OH^- 与加入的 H^+ 结合生成 H_2O。这个过程可以看作电导率较小的 Cl^- 取代了电导率很大的 OH^-，所以随着滴定的进行，在终点前，溶液的电导率越来越小；达终点后，溶液的电导率由于过量的 H^+ 和 Cl^- 的浓度逐渐增大而增大。在滴定终点前后，溶液电导率的改变有一个明显的转折点，这个转折点对应的 HCl 的体积就是完全中和 NaOH 溶液时所需 HCl 的量。通过计算，可以确定被滴定 NaOH 溶液的浓度。

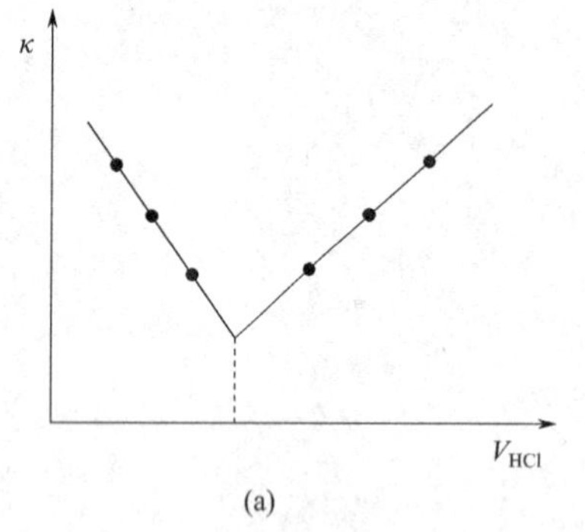

(a)

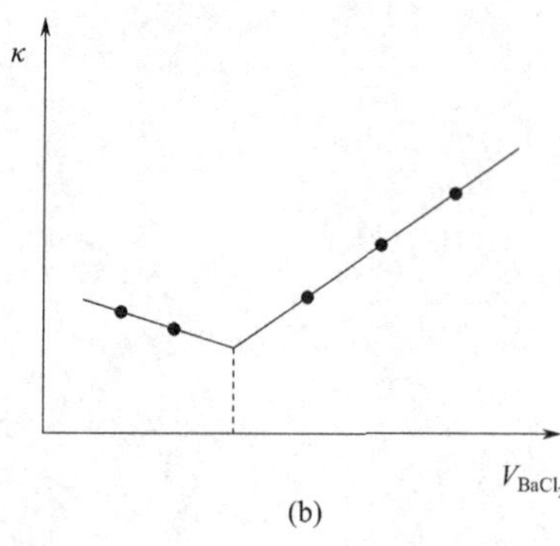

(b)

图 2-15-1　电导滴定曲线

用 $BaCl_2$标准溶液滴定 Na_2SO_4时，溶液的电导率和加入 $BaCl_2$体积的关系如图 2-15-1（b）所示。

温度一定时，在稀溶液中，离子的电导率与其浓度成正比。如果加入滴定剂后，原溶液的体积改变较大，那么所加入溶液的体积与溶液的电导率不呈线性关系，这是由于存在稀释效应。若使滴定剂的浓度高于被测样品浓度的 10～20 倍，则可基本消除稀释效应的影响。如果稀释效应显著，溶液的电导率应按稀释程度加以校正，校正后再作 κ-V 线。校正公式如下：

$$\kappa=\frac{\kappa_{测}(V+V_1)}{V}$$

式中，κ 为校正后溶液的电导率；$\kappa_{测}$ 为实测溶液的电导率；V 为被滴定溶液的体积；V_1 为加入滴定溶液的体积。

【仪器与试剂】

电导率仪 1 台；恒温磁力搅拌器 1 台；酸式滴定管（25mL）2 支；烧杯（500mL）2 个；移液管（25mL）2 支。

0.1000mol·L^{-1} HCl 标准溶液；0.0500mol·L^{-1} $BaCl_2$ 标准溶液；0.1000mol·L^{-1} NaOH 溶液；0.0500mol·L^{-1} Na_2SO_4 溶液。

【实验步骤】

1. 打开电导率仪（使用方法见附录 1 仪器 9）。

2. 用移液管准确吸取 25.00mL 待测溶液（NaOH 或 Na_2SO_4）置于 500mL 烧杯中，加蒸馏水稀释至 250mL，烧杯中放入搅拌器转子后置于磁力搅拌器上，插入洗净的电导电极。

3. 在恒温搅拌状态下，用滴定管将配置好的标准溶液滴入待测溶液中（用 HCl 滴定 NaOH，用 $BaCl_2$ 滴定 Na_2SO_4）。开始每次滴加标准溶液 2mL，滴加后搅拌均匀，再测其电导率。终点前后每次滴加 0.5～1.0mL，直到溶液电导率有显著改变后，再每次滴加 2mL，加 5 次即可，分别测电导率。记录每次滴定所用标准溶液的体积及与之相对应的溶液的电导率 κ。

【数据处理】

1. 设计表格，记录实验中加入的标准溶液的体积 $V_{标准}$ 及对应的电导率 κ 的值。

2. 作 κ-V 曲线，从曲线中找出滴定终点时标准溶液的用量，由之计算出待测溶液 NaOH 及 Na_2SO_4 的物质的量浓度。

【注意事项】

1. 为防止烧杯中溶液浓度不均匀，每次滴加标准溶液后，都要充分搅拌后再测量溶液的电导率。

2. 电导电极使用前后应浸泡在蒸馏水中以防止铂黑钝化。

3. 测量时，若预先不知道被测溶液电导率的大小，应先把量程开关置于最大电导率测量挡，然后逐挡下降。

【思考题】

1. 为什么标准溶液的浓度要比待测溶液的浓度大 10～20 倍？

2. 电导滴定为何要在恒温下进行？

3. 溶液的浓度对电导率有什么影响？

【扩展实验】

1. 食品中总酸含量的测定对于区分产品的属性、鉴别产品的品质、对比食品的风味、确定食品的微生物及理化性质等方面的稳定性具有重要的指导意义。查阅文献，设计用电导滴定法分析常见食品中总酸的含量。

2. 食物中的钾对人体心脏的影响很大，会使得人体心跳缓慢，危害人身健康，查阅相关文献，设计实验，应用电导滴定法测定卤水中钾的含量。

实验16 原电池电极电势的测定

【实验目的】

1. 掌握对消法测电动势的原理。
2. 学会制备几种金属电极。
3. 掌握几种金属电极的电极电势的测定方法。
4. 学会使用数字电位差计。

【实验原理】

原电池是由两个“半电池”组成的，每个半电池中包含一个电极和相应的电解质溶液。目前不能从实验上直接测定单个半电池的电极电势，而是以某一电极为标准，求出待测电极的相对值。现在国际上采用的标准电极是标准氢电极，但氢电极使用比较麻烦，因此常把具有稳定电势的电极作为参比电极。本实验选用已知电极电势的饱和甘汞电极作为参比电极。

将待测金属电极与饱和甘汞电极组成如下电池：

$$Hg(l)\text{-}Hg_2Cl_2(s)\mid KCl(\text{饱和溶液})\parallel M^{n+}(a_\pm)\mid M(s)$$

金属电极的反应为：$M^{n+}+ne^-\longrightarrow M$

甘汞电极的反应为：$2Hg+2Cl^-\longrightarrow Hg_2Cl_2+2e^-$

设正极电极电势为 φ_+，负极为 φ_-，则电池的电动势 E 表示为

$$E=\varphi_+-\varphi_-=\varphi^\ominus_{M^{n+},M}+\frac{RT}{nF}\ln a(M^{n+})-\varphi(\text{饱和甘汞}) \tag{2-16-1}$$

式中，φ（饱和甘汞）$=0.242\,40-7.6\times10^{-4}$（$t-25$）（$t$ 的单位为℃）；$a=\gamma_\pm m/m^\ominus$。其中 $\gamma_\pm$ 见附录25。

从式（2-16-1）可见，只要测出电池的电动势 E，就可计算待测电极的电极电势。

原电池的电动势不可直接用电压表来测定，因为用电压表测定时，整个线路中有电流通过，此时电池内部由于存在内阻而产生电位降，并在电池两电极发生化学反应，溶液的浓度发生变化，使得电池电动势的数值不稳定，所以要采用对消法测定电动势。其原理为：严格控制电流在接近于零的情况下来测定电池的电动势。为此，可用一个方向相反而数值相等的电动势对抗待测电池的电动势，使电路中无电流通过，这时测出的两极的电动势之差就等于该电池的电动势 E。

如图2-16-1所示，当K与标准电池 E_s 接通时，E_s 与电阻 AB 之间的电位降 V_{AB} 之比等于电阻的长度 AC 与 AB 之比，即

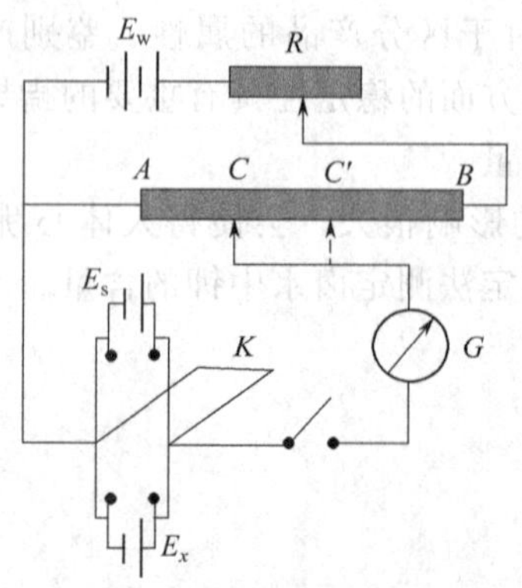

图2-16-1 对消法测电动势示意图

$$\frac{E_s}{V_{AB}}=\frac{AC}{AB} \tag{2-16-2}$$

同理，当 K 与待测电池 E_x 接通时，

$$\frac{E_x}{V_{AB}}=\frac{AC'}{AB} \tag{2-16-3}$$

由式（2-16-2）和式（2-16-3）可得：

$$E_x=\frac{AC'}{AC}E_s \tag{2-16-4}$$

电位差计就是利用对消法原理测量电池电动势的仪器。所用标准电池的电动势，20℃时，$E=1.0186V$，在其他温度时的电动势可由下式求得：

$$E_t=1.0186-4.06\times10^{-5}(t-20)-9.5\times10^{-7}(t-20)^2 \tag{2-16-5}$$

【仪器与试剂】

数字式电位差计 1 台；原电池测量装置 1 套；直流电源 1 套；电线若干；饱和甘汞电极 1 支；铜电极 1 支；锌电极 1 支；100mL 烧杯 5 个。

镀铜液；饱和 $Hg_2(NO_3)_2$ 溶液；$AgNO_3$（0.100mol·kg^{-1}）；H_2SO_4（6mol·kg^{-1}）；Hg_2SO_4 溶液；$ZnSO_4$(0.100mol·kg^{-1})；$CuSO_4$(0.100mol·kg^{-1})；饱和 KCl 溶液。

【实验步骤】

1. 盐桥的制备

用滴管将饱和 KCl 溶液注入 U 形管中，加满后用脱脂棉塞紧 U 形管两端即可，管中不能存有气泡。

2. 电极的制备

（1）铜电极：将欲镀铜电极用砂纸打磨出金属光泽，再用蒸馏水淋洗，最后用滤纸吸干，作阴极，另一铜片作阳极，放在镀铜液中电镀（装置示意图如图 2-16-2 所示），控制电流 2mA，电镀 30min 得到表面呈红色的 Cu 电极，洗净后放到 0.100mol·kg^{-1} $CuSO_4$ 中备用。

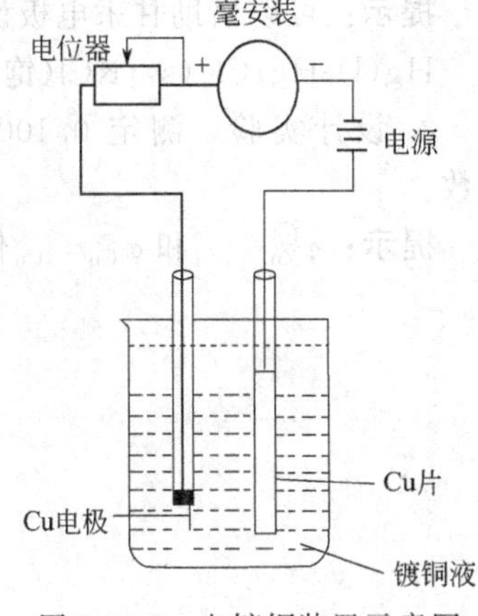

图 2-16-2　电镀铜装置示意图

（2）锌电极：把锌片剪成细长条，用 6mol·kg^{-1} 硫酸浸洗（或用砂纸打磨），以除去表面上的氧化层，取出洗净，浸入饱和硝酸亚汞溶液中约 10s，表面即生成一层光亮的汞齐，用水冲洗滤纸擦干后，插入 0.100mol·kg^{-1} $ZnSO_4$ 中待用。汞齐化的目的是消除金属表面机械应力不同的影响，使锌电极获得重复性好的电极电势。

3. 电池组合

把饱和甘汞电极放入装有饱和 KCl 溶液的 50mL 小烧杯内作正极，把锌片用导线夹夹住放入装有 0.100mol·kg^{-1} $ZnSO_4$ 的 50mL 小烧杯内作负极，用盐桥把两个小烧杯连接起来，即构成下列电池：

Zn(s)|$ZnSO_4$(0.100mol·kg^{-1})‖KCl(饱和)|Hg_2Cl_2(s)-Hg(l)

用同样的方法分别组成下列电池

Hg(l)-Hg_2Cl_2(s)|KCl(饱和)‖$CuSO_4$(0.100mol·kg^{-1})|Cu(s)

Hg(l)-Hg_2Cl_2(s)|KCl(饱和)‖$AgNO_3$(0.100mol·kg^{-1})|Ag(s)

$Zn|ZnSO_4(0.100mol\cdot kg^{-1}) \| CuSO_4(0.100mol\cdot kg^{-1})|Cu(s)$

4. 电池电动势测定

(1) 计算当前温度条件下，以上四个电池组合的电动势的理论值。

(2) 连接电动势测量线路，打开电位差计电源（使用方法见附录 1 仪器 10），预热 15min。

(3) 依次测定上述 4 个电池的电动势。

【数据处理】

1. 记录实验温度，计算实验温度下的电极电势。

2. 利用式 (2-16-1) 计算锌、铜电极的标准电极电势。其中，离子平均活度系数 $\gamma_{\pm}$ 见附表 25。

3. 将计算的锌、铜电极的标准电极电势与文献值比较，分析误差产生的原因（298K 时，$\varphi^{\ominus}_{Zn^{2+},Zn}=-0.76V$，$\varphi^{\ominus}_{Cu^{2+},Cu}=0.34V$）。

【注意事项】

1. 制备 Cu 电极时，防止将正负极接错，并严格控制电镀电流。

2. 实验过程中，调节仪器时要求轻轻操作。

【思考题】

1. 怎样才能保证电镀铜比较均匀?

2. 盐桥的作用是什么？作盐桥的电解质有何要求?

3. 为什么锌电极表面要做成锌汞齐?

【扩展实验】

1. 设计实验，测定银电极的标准电极电势。

提示：可以借助甘汞电极设计电池如下：

$Hg(l)\text{-}Hg_2Cl_2(s)|KCl(饱和溶液) \| AgNO_3(0.100mol\cdot kg^{-1})|Ag(s)$

2. 设计实验，测定 $0.100mol\cdot kg^{-1}$ $ZnSO_4$、$0.100mol\cdot kg^{-1}$ $CuSO_4$ 溶液的平均活度系数。

提示：$\varphi^{\ominus}_{Zn^{2+},Zn}$ 和 $\varphi^{\ominus}_{Cu^{2+},Cu}$ 作为已知值。

实验 17 电动势法测定化学反应的热力学函数

【实验目的】

1. 掌握对消法测定原电池电动势的原理及电位差计的使用方法。

2. 掌握电动势法测定化学反应热力学函数的有关原理和方法。

3. 测定原电池在不同温度下的电动势，计算有关热力学函数。

【实验原理】

电动势测定的应用非常广泛，如：测定某一原电池反应在不同温度下的电动势 E，求得任意温度下电动势的温度系数 $\left(\frac{\partial E}{\partial T}\right)_p$，由 E 和 $\left(\frac{\partial E}{\partial T}\right)_p$ 根据式（2-17-1）~式（2-17-3）可分别计算电池反应的 $\Delta_r G_m$，$\Delta_r S_m$ 和 $\Delta_r H_m$：

$$\Delta_r G_m = -zEF \tag{2-17-1}$$

$$\Delta_r S_m = zF\left(\frac{\partial E}{\partial T}\right)_p \tag{2-17-2}$$

$$\Delta_r H_m = \Delta_r G_m + T\Delta_r S_m \tag{2-17-3}$$

式中，z 为反应的电荷数；F 为法拉第常数，$F=96480C \cdot mol^{-1}$。

对于化学反应 $Zn + Hg_2Cl_2(s) \longrightarrow Hg(l) + ZnCl_2$，可设计成下列可逆电池：

$Zn(s) | ZnCl_2(0.100mol \cdot kg^{-1}) \| KCl(饱和) | Hg_2Cl_2, Hg(l)$

本实验使用数字电位差计测定上述电池的电动势，其原理及使用方法见实验 16。

【仪器与试剂】

数字电位差计 1 台；H 型电解槽 1 个；标准电池 1 个；恒温槽 1 台；饱和甘汞电极 1 支；锌电极 1 支。

$0.100mol \cdot kg^{-1}$ $ZnCl_2$ 溶液。

【实验步骤】

1. 设置恒温槽温度为（25±0.1）℃。

2. 按对消法原理和数字电位差计（使用方法见附录 1 仪器 10）的操作步骤，接好测量线路。

3. 在干净的 H 型电解槽（结构如图 2-17-1 所示）内一端加入 $ZnCl_2$ 溶液，插入锌电极；另一端加入饱和 KCl 溶液，插入饱和甘汞电极。将 H 型电解槽放置于恒温槽内恒温 10min，分别测定原电池在 25℃、27℃、29℃、31℃、33℃、35℃下的电池反应电动势。

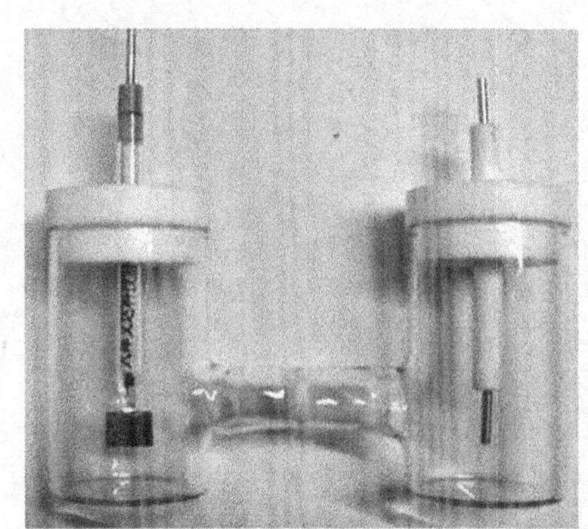

图 2-17-1 H 型电解槽示意图

【数据处理】

1. 设计表格，把实验测定值和计算值列入表格中。

2. 计算原电池反应电动势的温度系数 $\left(\frac{\partial E}{\partial T}\right)_p$：作 E-T 曲线，用某一温度下的斜率求解。

3. 根据式（2-17-1）~式（2-17-3）分别计算 25℃时电池反应的 $\Delta_r G_m$、$\Delta_r S_m$ 和 $\Delta_r H_m$。

【注意事项】

1. 恒温水浴液面高度要合适，与电池内的液面处于一个水平面即可。

2. 升温时，不应使“仪器测量选择”按钮处于“测量”挡（可以关闭仪器或打到“外标”挡）。

【思考题】

1. 为什么不能用电压表直接测量原电池反应的电动势？

2. 甘汞电极在使用时为什么应拔去支管上的橡皮帽？使用后又为什么应放置在饱和氯化钾溶液中浸泡？

3. 数字电位差计可用“内标”标定，试说明“内标”中什么元件起到了标准电池的作用？

【扩展实验】

1. 设计实验，利用电动势法测定难溶盐 AgCl 的活度积。

提示：设计如下电池，测电池的电动势。

$$Ag(s) \mid Ag^{+}(a_{Ag^{+}}=1) \parallel Cl^{-}(a_{Cl^{-}}=1) \mid AgCl(s) \mid Ag(s)$$

根据公式：$\Delta_r G_m^{\ominus} = -zE^{\ominus}F = -RT\ln K_{ap}^{\ominus}$计算活度积 $K_{ap}^{\ominus}$。

2. 设计实验测定如下电池的温度系数$\left(\frac{\partial E}{\partial T}\right)_p$ 及 $\Delta_r G_m$、$\Delta_r S_m$ 和 $\Delta_r H_m$ 的值。

$$Zn \mid ZnSO_4(0.100mol\cdot kg^{-1}) \parallel CuSO_4(0.100mol\cdot kg^{-1}) \mid Cu(s)$$

实验 18 电动势法测定电解质溶液的平均活度系数

【实验目的】

1. 掌握电动势法测定电解质溶液平均离子活度系数的基本原理和方法。
2. 通过实验加深对活度、活度系数、平均活度、平均活度系数等概念的理解。
3. 掌握电化学工作站的测量原理及其使用方法。
4. 测定 $ZnCl_2$ 溶液的平均活度系数，学会用外推法处理实验数据。

【实验原理】

由于电解质溶液电离出的阴、阳离子间存在静电引力作用，所以电解质溶液往往会对理想溶液产生较大偏离，成为真实溶液。对于真实溶液或真实液态混合物，通过引入活度 a 和活度系数 γ 的概念来修正其对理想溶液或理想液态混合物的偏差。活度和活度系数的化学势定义为：

$$\mu_B=\mu_B^{\ominus}+RT\ln a_B=\mu_B^{\ominus}+RT\ln\gamma_B\frac{m_B}{m^{\ominus}} \tag{2-18-1}$$

即：

$$a_B=\gamma_B\frac{m_B}{m^{\ominus}} \tag{2-18-2}$$

式中，μ_B、$\mu_B^{\ominus}$ 为真实溶液（或真实液态混合物）中组分 B 的化学势和标准状态的化学势；a_B、γ_B 分别为组分 B 的活度和活度系数；m_B 为组分 B 的质量摩尔浓度，$mol\cdot kg^{-1}$；$m^{\ominus}$为标准质量摩尔浓度，其值为 $1mol\cdot kg^{-1}$。理想溶液中各组分的活度系数 γ_B 为 1，极稀的真实溶液（$m\to0$）中活度系数 $\gamma_B\to1$。

由于电解质溶液中阴、阳离子是同时共存的，尚没有测定单个离子的活度和活度系数的实验方法，因此引入平均活度 $a_\pm$ 和平均活度系数 $\gamma_\pm$ 的概念。设电解质 $A_{\nu+}B_{\nu-}$ 在水溶液中解离为 ν^+ 个阳离子（A^{z+}）和 ν^- 个阴离子（B^{z-}），单个阴、阳离子的活度（a_- 和 a_+）与它们的平均活度 $a_\pm$ 的关系为

$$a_\pm=(a_+^{\nu+}a_-^{\nu-})^{1/\nu} \tag{2-18-3}$$

同样，离子的平均活度系数和平均质量摩尔浓度定义为

$$\gamma_\pm=(\gamma_+^{\nu+}\gamma_-^{\nu-})^{1/\nu} \tag{2-18-4}$$

$$m_\pm=(m_+^{\nu+}m_-^{\nu-})^{1/\nu} \tag{2-18-5}$$

式中，$\nu=\nu_++\nu_-$。离子平均活度 $a_\pm$、平均活度系数 $\gamma_\pm$ 和平均质量摩尔浓度 $m_\pm$ 三者之间的关系为

$$\gamma_\pm=\frac{a_\pm}{m_\pm/m^{\ominus}} \tag{2-18-6}$$

平均活度系数是电解质溶液热力学研究的重要参数，其测量方法主要有电导法、气液相色谱法、紫外分光光度法、凝固点下降法、溶解度法和电动势法等。本实验采用电动势法测定 $ZnCl_2$ 溶液的平均活度系数，其方法是设计如下单液电池：

$$Zn(s)\mid ZnCl_2(m)\mid Hg_2Cl_2(s)\text{-}Hg(l)\mid Pt$$

该电池的电池反应为

$$Zn(s)+Hg_2Cl_2(s)\longrightarrow 2Hg(l)+Zn^{2+}(m)+2Cl^-(2m)$$

其电动势能斯特方程为

$$
\begin{aligned}
E &= E_{甘汞} - E_{Zn^{2+}|Zn} = E^{\ominus} - \frac{RT}{2F}\ln(a_+ a_-^2) = E^{\ominus} - \frac{RT}{2F}\ln a_{\pm}^3 \\
&= E^{\ominus} - \frac{RT}{2F}\ln\left[\left(\frac{m_{\pm}}{m^{\ominus}}\right)^3 \gamma_{\pm}^3\right] \\
&= E^{\ominus} - \frac{RT}{2F}\ln\left[\left(\frac{m_+}{m^{\ominus}}\right)^1 \left(\frac{m_-}{m^{\ominus}}\right)^2\right] - \frac{3RT}{2F}\ln\gamma_{\pm} \qquad (2\text{-}18\text{-}7)\\
&= E^{\ominus} - \frac{RT}{2F}\ln\left[\left(\frac{m}{m^{\ominus}}\right)^1 \left(\frac{2m}{m^{\ominus}}\right)^2\right] - \frac{3RT}{2F}\ln\gamma_{\pm}
\end{aligned}
$$

式中，$E^{\ominus} = E^{\ominus}_{甘汞} - E^{\ominus}_{Zn^{2+}|Zn}$，为电池的标准电动势。

对于质量摩尔浓度为 m（$mol\cdot kg^{-1}$）的 $ZnCl_2$ 溶液，其离子强度 I（$mol\cdot kg^{-1}$）为

$$I = \frac{1}{2}[m \times 2^1 + 2m \times (-1)^2] = 2m \qquad (2\text{-}18\text{-}8)$$

由德拜-休克尔公式，得：

$$\lg\gamma_{\pm} = -A\sqrt{I} = -A\sqrt{2m} = \frac{\ln\gamma_{\pm}}{2.303} \qquad (2\text{-}18\text{-}9)$$

即

$$\ln\gamma_{\pm} = -2.303A\sqrt{2m} \qquad (2\text{-}18\text{-}10)$$

式中，A 为常数。将上式代入式（2-18-7），整理得：

$$E + \frac{RT}{2F}\ln\left[4\left(\frac{m}{m^{\ominus}}\right)^3\right] = E^{\ominus} + \frac{2.303 \times 3\sqrt{2}ART}{2F}\sqrt{m} \qquad (2\text{-}18\text{-}11)$$

可见，在一定温度下，若实验测得一系列不同质量摩尔浓度 $ZnCl_2$ 溶液的电动势 E，以 $E + \frac{RT}{2F}\ln\left[4\left(\frac{m}{m^{\ominus}}\right)^3\right]$ 对 $\sqrt{m}$ 作图，得一条直线，将此直线外推至 $m\to 0$ 时，截距为标准电动势。将 E 和 $E^{\ominus}$ 代入式（2-18-7），即可求出 $\gamma_{\pm}$。

【仪器与试剂】

电化学工作站 1 台；超级恒温槽 1 台；分析天平 1 台；锌电极 1 支；甘汞电极 1 支；移液管（25mL）1 支；标准电池 1 个；锥形瓶（100mL）6 个；烧杯（100mL）1 个。

$ZnCl_2$（A. R.）；锌片；乙醇；丙酮；稀盐酸；$Hg(NO_3)_2$ 饱和溶液；蒸馏水。

【实验步骤】

1. 溶液的配制

用称量法配制浓度分别为 0.01$mol\cdot kg^{-1}$、0.10$mol\cdot kg^{-1}$、0.20$mol\cdot kg^{-1}$，0.50$mol\cdot kg^{-1}$ 和1.0$mol\cdot kg^{-1}$左右的 $ZnCl_2$ 标准溶液各 50g 左右。方法为：计算加 50g 水配制上述浓度溶液所需的 $ZnCl_2$ 的量，用分析天平准确称量，分别置于 5 个编号的 100mL 锥形瓶中，然后加入 50mL 蒸馏水，记录加入水的准确质量，并计算 5 份溶液的准确浓度。

2. 依据实验室室温情况，设定恒温槽的温度，如（25.0±0.1）℃。

3. 锌电极的处理

（1）将锌电极用细砂纸打磨至光亮，用乙醇、丙酮等除去电极表面的油污，再用稀盐酸浸泡片刻，除去表面的氧化物。

（2）取出电极，用蒸馏水冲洗干净，浸泡在 $Hg(NO_3)_2$ 饱和溶液中 2～3s，迅速取出电极并用蒸馏水冲洗干净，备用。

4. 电动势的测定

(1) 打开电化学工作站，预热 5min 后用标准电池对电化学工作站进行校正。

(2) 将配制好的 $ZnCl_2$ 溶液，按由稀到浓的次序分别装入电池管。将锌电极和甘汞电极分别插入装有 $ZnCl_2$ 溶液的电池管中，恒温后，用电化学工作站分别测定不同 $ZnCl_2$ 浓度时电池的电动势。

(3) 实验结束后，关闭仪器电源，将电极、锥形瓶等洗净，备用。

【数据处理】

1. 设计表格，记录实验数据。

2. 以 $E+\frac{RT}{2F}\ln\left[4\left(\frac{m}{m^{\ominus}}\right)^3\right]$ 对 $\sqrt{m}$ 作图，将所得直线外推至 $m\to0$，由直线的截距求出标准电动势 $E^{\ominus}$。

3. 由求出的标准电动势 $E^{\ominus}$ 及实验测得的不同浓度 $ZnCl_2$ 溶液的电动势数据，代入式 (2-18-7)，计算不同浓度 $ZnCl_2$ 溶液离子的平均活度系数 $\gamma_\pm$，并与文献值比较（见附表 25），分析误差产生的原因。

【注意事项】

1. 测定电动势时，注意电池的正、负极不能接反。

2. 锌电极要仔细打磨、处理干净并进行汞齐化后方可使用，否则会影响实验结果。

3. 由于 $ZnCl_2$ 较易发生水解，在配制溶液时可能出现浑浊，可加入少量稀硫酸溶解并抑制水解作用。

【思考题】

1. 为什么可用电动势法测定 $ZnCl_2$ 溶液的平均离子活度系数？

2. 配制溶液时若含有 Cl^-，对测定的 E 值有何影响？

【扩展实验】

1. 设计实验测定 HCl 溶液的平均活度系数。

提示：可设计如下电池：$Pt(s)|H_2(p)|HCl(m)\|AgCl(s)|Ag(s)$。

2. 离子平均活度系数的测定方法有很多，如溶解度法、蒸气压降低法、蒸气压平衡法、沸点升高法、凝固点降低法、电动势法、紫外分光光度法、膜电势法、电导法和气相色谱法等。查阅相关文献对比各种方法的优缺点。

实验 19 氯离子选择性电极的测试和应用

【实验目的】

1. 了解氯离子选择性电极的基本性能及其测定方法。

2. 掌握用氯离子选择性电极测定氯离子浓度的基本原理。

3. 了解酸度计测量直流毫伏值的使用方法。

【实验原理】

离子选择性电极是一类利用膜电势测定溶液中离子的活度或浓度的电化学传感器，当它和含待测离子的溶液接触时，在它的敏感膜和溶液的相界面上产生与该离子活度直接有关的膜电势。离子选择性电极这一分析测量工具广泛应用于海洋、土壤、地质、化工、医学等各领域。

本实验所用的氯离子选择性电极的敏感膜是由 AgCl 和 Ag_2S 的沉淀混合物压制而成，内参考电极为 Ag|AgCl 电极，用塑料管作电极管，并以全固态工艺制成。其结构如图2-19-1所示。

1. 电极电势与离子浓度的关系

当氯离子选择性电极插入待测溶液时，电极与溶液间就存在着电势差。电极电势与离子活度间的关系可用 Nernst 方程来描述。在测量时，以氯离子选择性电极为指示电极，双液接甘汞电极为参比电极，插入待测试液中组成工作电池（图 2-19-2），则有下式成立：

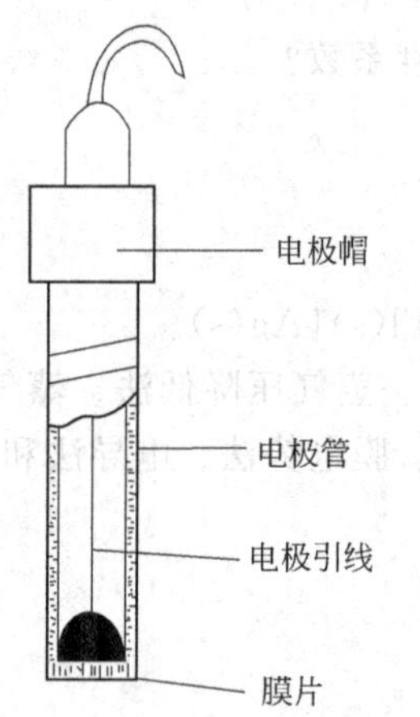

图 2-19-1 氯离子选择性电极结构示意图

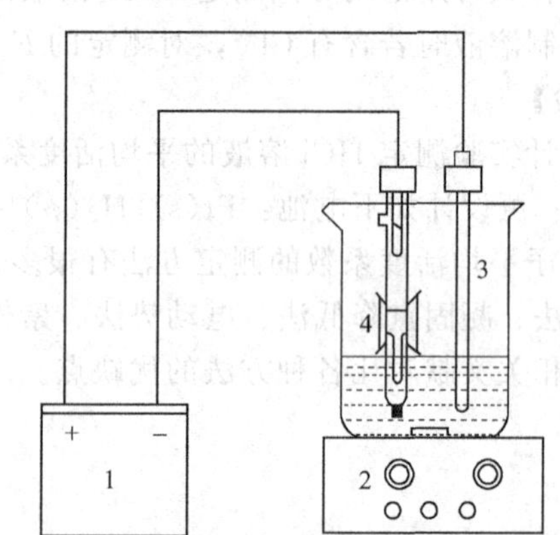

图 2-19-2 氯离子选择性电极工作示意图

1—酸度计；2—电磁搅拌器；3—氯离子选择性电极；4—双液接甘汞电极

$$E=E^{\ominus}-\frac{RT}{F}\ln a_{Cl^-}=E^{\ominus}-\frac{RT}{F}\ln\left(\gamma_{\pm}\frac{c_{Cl^-}}{c^{\ominus}}\right) \tag{2-19-1}$$

式中，E 为电池的电动势；$E^{\ominus}$ 为电池的标准电动势；a_{Cl^-} 为氯离子的活度；c_{Cl^-} 为氯离子的浓度。

在测定中，若固定溶液的离子强度，$\gamma_{\pm}$ 就可视为定值，则 E 与 $\ln c_{Cl^-}$ 之间存在线性关系。只要我们测出不同 c_{Cl^-} 值时的电动势 E，作 E-$\ln c_{Cl^-}$ 图（标准曲线），从图中即可求出待测溶液的氯离子浓度。氯离子选择性电极的测量范围为 $10^{-1}\sim10^{-5}\,mol\cdot L^{-1}$。

2. 电极的选择性和选择性系数

离子选择性电极常会受到溶液中其他离子的影响。也就是说，在同一电极膜上，往往可以有多种离子进行不同程度的交换。离子选择性电极的特点就在于对特定离子具有较好的选择性，受其他离子的干扰较小。电极选择性得好坏，常用选择性系数来表示。但是，选择性系数与测定方法、测定条件以及电极的制作工艺有关，同时也与计算时所用的公式有关。一般离子选择性电极的选择性系数 k_{ij} 可表示为：

$$E = E^{\ominus} \pm \frac{RT}{nF}\ln(a_i + k_{ij}a_j^{Z_i/Z_j}) \quad (2\text{-}19\text{-}2)$$

式中，i 和 j 分别代表待测离子和干扰离子；Z_i 及 Z_j 分别代表 i 和 j 离子的电荷数；k_{ij} 为该电极对 j 离子的选择性系数。式中“－”及“＋”分别适用于阴、阳离子选择性电极。k_{ij} 越小，表示 j 离子对被测离子的干扰越小。当 $Z_i = Z_j$ 时，测定 k_{ij} 最简单的方法是分别溶液法。即：分别测定在含有相同活度的离子 i 和 j 这两种溶液中该离子选择性电极的电动势 E_1 和 E_2，可得：

$$\ln k_{ij} = \frac{(E_1 - E_2)nF}{RT} \quad (2\text{-}19\text{-}3)$$

k_{ij} 越小，表示 j 离子对被测离子 i 的干扰越小，也就表示电极的选择性越好。通常把 k_{ij} 值小于 10^{-3} 者认为无明显干扰。

【仪器与试剂】

酸度计 1 台；电磁搅拌器 1 台；双液接饱和甘汞电极 1 支；氯离子选择性电极 1 支；容量瓶（100mL）10 个；移液管（10mL、50mL 各 1 支）。

KCl（A. R.）；KNO_3（A. R.）；0.1%$Ca(Ac)_2$ 溶液；风干土壤样品。

【实验步骤】

1. 标准溶液的配制

配制 100mL 0.1mol·L^{-1} KCl 标准溶液，用 0.1mol·L^{-1} KNO_3 溶液逐级稀释配制 5×10^{-2} mol·L^{-1}、1×10^{-2} mol·L^{-1}、5×10^{-3} mol·L^{-1}、1×10^{-3} mol·L^{-1}、5×10^{-4} mol·L^{-1} 和 1×10^{-4} mol·L^{-1} KCl 标准溶液。

2. 安装、校正仪器

按图 2-19-2 安装好仪器。接通酸度计（使用方法见附录 1 仪器 8）电源。

3. 标准曲线测量

用蒸馏水洗净电极，用滤纸吸干，将电极依次从稀到浓插入标准溶液中测定电动势值。

4. 选择性系数的测定

配制 0.01mol·L^{-1} 的 KCl 和 KNO_3 溶液各 100mL，分别测定电动势值。

5. 自来水中氯离子含量的测定

称 0.1011g KNO_3 于 100mL 容量瓶中（目的：保持相同的离子强度），用自来水稀释至刻度，测定其电动势值，从标准曲线上求得相应的氯离子浓度。

6. 土壤中 NaCl 含量的测定

(1) 用台秤称风干土壤样品 W(g)（约 10g），加入 0.1%$Ca(Ac)_2$ 溶液 V(mL)（约 100mL），搅动几分钟，静置澄清。

(2) 用干燥洁净的吸管吸取澄清液 30～40mL，放入干燥洁净的 50mL 烧杯中，测定其电动势值。

【数据处理】

1. 以标准溶液的 E 对 $\ln c_{Cl^-}$ 作图绘制标准曲线，从标准曲线上查出被测自来水中氯离子的浓度。

2. 根据式（2-19-3）计算选择性系数 $k_{Cl^--NO_3^-}$。

3. 按式（2-19-4）计算风干土壤中 NaCl 的含量。式中，c_x 为从标准曲线上查得的样品溶液中氯离子的浓度；M 为 NaCl 的摩尔质量。

$$w(\mathrm{NaCl})=\frac{c_x VM}{1000W}\times 100\% \tag{2-19-4}$$

【注意事项】

1. 氯离子选择性电极在使用前应在 $10^{-3}\,\mathrm{mol\cdot L^{-1}}$ KCl 溶液中浸泡活化 1h，然后在蒸馏水中充分浸泡方可使用，这样可缩短电极响应时间并改善线性关系；电极响应膜切勿用手指或尖硬的东西碰划，以免沾上油污或损坏；使用完毕立即用蒸馏水反复冲洗，然后浸在蒸馏水中，长期不用可洗净干放。

2. 双液接甘汞电极在使用前应拔去加在 KCl 溶液小孔处的橡皮塞，以保持足够的液压差，并检查 KCl 溶液是否足够；由于测定的是 Cl^-，为防止电极中 Cl^- 渗入被测液而影响测定，需要加饱和 KNO_3 溶液作为外盐桥。由于 Cl^- 不断渗入外盐桥，所以外盐桥内的 KNO_3 溶液不能长期使用，应在每次实验后将其倒掉洗净，晾干，在下次使用时重新加入饱和 KNO_3 溶液。

3. 安装电极时，两支电极不要彼此接触，也不要碰到杯底或杯壁。

4. 每次测试前，需要少量被测液将电极与烧杯淋洗三次。

5. 切勿把搅拌珠连同废液一起倒掉。

【思考题】

1. 实验过程中，为什么要保持离子强度相等？

2. 本实验中与电极响应的是氯离子的活度还是浓度？为什么？

3. 氯离子选择性电极在使用前为什么要浸泡活化 1h？

4. 本实验中为什么要用双液接甘汞电极而不用一般的甘汞电极？使用双液接甘汞电极时应注意什么？

【扩展实验】

1. 氯离子能影响啤酒风味，世界各啤酒大国都非常重视啤酒中氯离子浓度的检测，试设计实验，测定啤酒中氯离子的含量。

2. 氟是人体必需的微量元素，但含量过高会造成斑釉齿甚至氟中毒。设计实验，使用氟离子选择性电极测定牙膏中氟离子的含量。

实验 20 氢超电势的测定

【实验目的】

1. 了解超电势的种类和影响超电势的因素。

2. 掌握测量不可逆电极电势的实验方法。

3. 测定氢在光亮电极上的活化超电势，并求出塔菲尔（Tafel）公式中的两个常数 a 和 b。

【实验原理】

超电势又称过电位或超电压，它是电流通过电极时产生的客观现象。超电势在理论和生产中有着重要意义。由于电解质溶液几乎均以水为介质，当电流通过电极时，阴极都不可避免地会产生氢超电势，因此氢超电势更具有显著的重要性。

对于氢电极，在没有电流通过时，电极电势为平衡电极电势 $\varphi_{可逆}$；当有电流通过时，电极反应成为不可逆过程，此时电极电势的值会变小，为不可逆电极电势 $\varphi_{不可逆}$，它们的差值定义为氢超电势 η：

$$\eta = \varphi_{可逆} - \varphi_{不可逆} \tag{2-20-1}$$

氢超电势不仅与电极材料、溶液组成和电流密度有关，而且还与温度、电极表面处理程度、溶液的搅拌等因素有关。氢超电势由三个部分组成：

$$\eta = \eta_1 + \eta_2 + \eta_3 \tag{2-20-2}$$

其中，η_1 为电阻超电势，是由电极上的氧化膜及溶液电阻引起的；η_2 为浓差超电势，是由电解过程中电极附近溶液的浓度和本体溶液浓度有差别所致；η_3 为活化超电势，是由电极反应本身需要一定活化能而引起的。对氢电极来说，前两项比第三项要小得多，在测量时，可设法减小到可忽略的程度。一般从文献上查到的超电势是活化超电势。

在一定电流密度范围内，氢超电势与电流密度的关系式可用 Tafel 公式表示

$$\eta = a + b\ln\frac{j}{[j]} \tag{2-20-3}$$

式中，j 为电流密度；$[j]$ 是 j 的单位；a，b 为常数，单位都是 V。a 是电流密度 j 等于单位电流密度时的超电势值，它与电极材料、电极表面状态、溶液组成及实验温度等有关。b 的值对大多数的金属来说相差不大，在常温下接近 0.050V（如用以 10 为底的对数，b 约为 0.116V）。氢超电势的大小基本上取决于 a 的数值，a 值越大，氢超电势也越大，电极反应的不可逆程度也越大。铂电极材料属于低氢超电势金属，其 a 值在 0.1～0.3V 之间。当电流密度极低时，超电势不服从塔菲尔公式，此时超电势与电流密度呈正比。

本实验测定氢在光亮铂电极上的活化超电势。实际上就是在避免电阻超电势和浓差超电势的基础上，测定一系列不同电流密度下的电极电势。实验装置示意图见图 2-20-1，研究电极（待测电极）与另一电极（辅助电极）组成一个电解池，使氢在电极上发生反应；同时选择一个参比电极与待测电极组成电池，测量电池的电动势，以获得待测电极的电极电势。当电流密度较大，电阻超电势不可忽略时，可将鲁金毛细管口置于与被测电极相距不同的距离处，测量各对应距离下的超电势，再外延到被测电极与鲁金毛细管距离为零时的超电势而校正之，从而获得活化超电势。

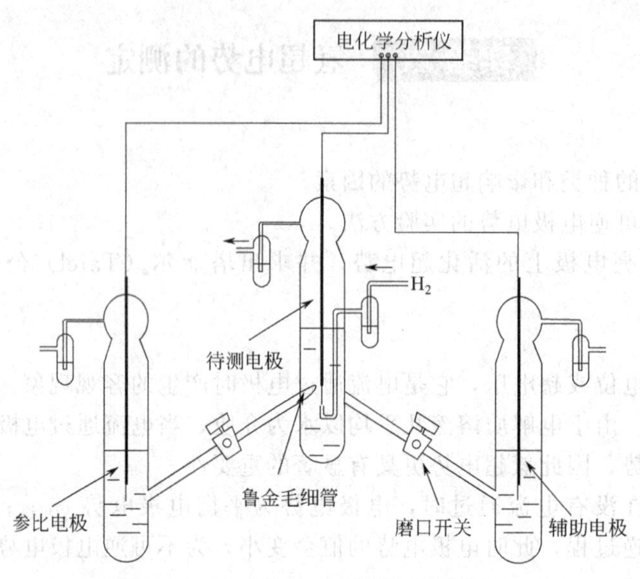

图 2-20-1　氢超电势测量装置示意图

【仪器与试剂】

电化学分析仪 1 套；游标卡尺 1 个；数字电压表 1 台（0～2V）；直流稳压电源 1 台；毫安表 1 个（0～2mA）；光亮铂电极 1 支；铂黑电极 1 支；恒温水浴 1 台。

盐酸（超纯）；氢气发生器（或超纯氢气）；硝酸（A. R.）；电导水（$\kappa < 2\times10^{-6} S\cdot cm^{-1}$）。

【实验步骤】

1. 电解池的清洗。电解池先用铬酸洗液浸泡，再用自来水、蒸馏水荡洗，然后用少量电导水荡洗，最后用浓度为 $0.100 mol\cdot L^{-1}$的 HCl 电解液（少许）荡洗两遍。再注入一定量的电解液，使电解液浸没电极并超出约 1cm。

2. 参比电极采用银-氯化银电极。另两支电极均用直径 0.5mm 的铂丝，烧结在玻璃管中，一头露出管外约 10mm，另一头留在玻璃管中与其他导体（铜丝）相连。电板做成后，先浸入王水中约 5min。取出后用水冲洗，再用热 NaOH 溶液浸泡 5min。然后依次用自来水、蒸馏水、电导水、电解液淋洗，备用。

3. 将三支电极分别插入装有电解液的电解池中，并以电解液封闭磨口活塞和进出口。安装待测电极时要注意尽量使鲁金毛细管口紧靠铂丝电极表面，毛细管中不得有气泡存在。

4. 在接好线路后，开启氢气发生器或打开超纯氢气钢瓶开关，旋开各气阻夹，调节通入电解池的氢气量（每秒钟约 2 个气泡出现），使整个电解池中始终充满氢气。

5. 调节可变电阻，使电流密度控制在 $0\sim8 mA\cdot cm^{-2}$范围内，从小到大，逐点选择，测定 10～15 个电流密度下的超电势。每个电流密度重复测三次，在大约 3min 内，其电势读数平均偏差应小于 2mV，取其平均值，计算其超电势。

6. 测量完毕后，取出研究电极，用游标卡尺测量铂丝的长度和直径，计算电极表观面积。

7. 最后小心倾去电解池中的电解液，并注入蒸馏水。其余仪器设备，一律复原，做好清洁工作。

【数据处理】

1. 根据测量数据，计算各电流密度时所对应的超电势。

2. 以 η 对 $\ln j$ 作图，通过直线斜率求常数 b，并将数据代入塔菲尔公式求算常数 a 值（或用外推法求出），写出超电势与电流密度的经验式。

【注意事项】

1. 影响氢超电势的因素较多，在测量过程中除应避免电阻超电势和浓差超电势之外，特别要注意电极的处理和溶液的清洁，这是做好本实验的关键。电极处理必须严格，如果电极表面存在杂质，会使铂中毒。

2. 对电解池磨口也要用电解质溶液湿润封闭，而不能用油脂。

3. 溶液的配制，特别要注意电解质和水的高度纯净。

4. 通入的氢气必须是高纯度的，同时所用的橡皮管应预先用浓 NaOH 溶液浸泡，然后用水冲洗干净。

【思考题】

1. 电解池中三个电极的作用分别是什么？

2. 为什么通电流测得的电动势与不通电流测得的电动势之间的差值即为该电流密度下的超电势？

【扩展实验】

1. 设计实验用电位差计测定 H_2 在 Pt 电极上的超电势。

2. H_2 的超电势与电极材料有很大的关系，设计实验测定 H_2 在 Cu 电极上的超电势。

实验21 镍在硫酸溶液中的电化学钝化

【实验目的】

1. 掌握恒电势法测定金属极化曲线的基本原理和测试方法。

2. 测定镍在硫酸中的阳极极化曲线及钝化电势。

3. 掌握电化学工作站的使用方法。

【实验原理】

当电极上有电流通过时，电极电势偏离平衡电极电势的现象称为电极的极化作用。电极电势与电流密度的关系曲线称为极化曲线。极化曲线的形状和变化规律反映了电化学过程的动力学特征。

金属作阳极时在一定外电势下发生的溶解过程，称为金属的阳极化过程。金属的阳极化过程在化学电源、电解、电镀、金属的腐蚀及防护等方面具有重要的实际意义。此过程只有在电极电势大于其热力学电势时才能发生。阳极的溶解速率（用电流密度表示）随电势变大而变大，当阳极电势大到某一数值时，其溶解速率达到最大值，此后阳极溶解速率随电势变大反而大幅度减小，这种现象称为金属的钝化现象。

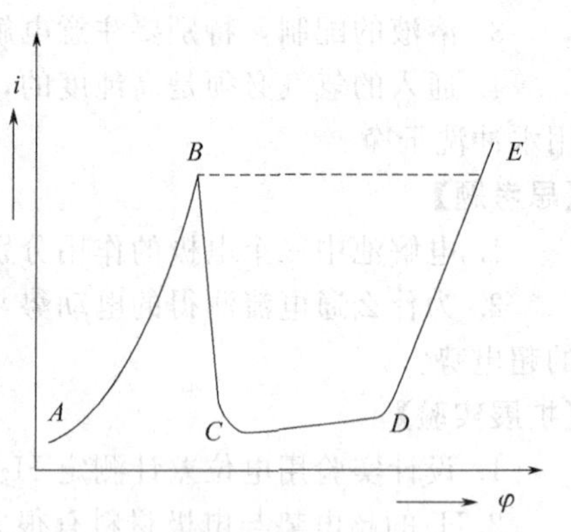

图 2-21-1 钢在硫酸中的阳极极化曲线

注：A-B—活性溶解区；B—临界钝化点；B-C—过渡钝化区；C-D—稳定钝化区；D-E—过钝化区

图 2-21-1 为钢在硫酸中的阳极极化曲线。从 A 点开始，随着电势向正方向移动，电流密度也随之增大，电势超过 B 点后，电流密度随电势增大迅速减至最小，这是因为在金属表面产生了一层电阻高、耐腐蚀的钝化膜。B 点对应的电势称为临界钝化电势，对应的电流称为临界钝化电流。电势到达 C 点后，随着电势的继续增大，电流却保持在一个基本不变的很小的数值上，该电流称为微钝电流，直到电势升到 D 点，电流才随着电势的增大而增大，表示阳极又发生了氧化过程，可能是高价金属离子产生，也可能是水分子放电析出氧气，DE 段称为过钝化区。

研究金属的阳极溶解及钝化通常采用两种方法：恒电势法和恒电流法。由于控制电势法能测得完整的极化曲线，因此在金属钝化现象的研究中多采用恒电势法。恒电势法就是将研究电极的电极电势依次恒定在不同数值上，然后测量对应各电势下的电流。极化曲线的测量应尽可能接近稳态体系。稳态体系指被研究体系的极化电流、电极电势、电极表面状态等基本上不随时间而改变。在实际测量中，常用的控制电势测量方法有以下两种：

（1）静态法：将电极电势恒定在某一数值，测定相应的稳定电流值，如此逐点测量一系列各电极电势下的稳定电流值，以获得完整的极化曲线。对某些体系，达到稳态可能需要很长时间，为节省时间，提高测量重现性，人们往往自行规定每次电势恒定的时间。

（2）动态法：控制电极电势以较慢的速度连续地改变（扫描），并测量对应电势下的瞬时电流值，以瞬时电流值与对应的电极电势作图，获得整个极化曲线。对不同的电极体系，扫描速度也不相同。一般来说，电极表面建立稳态的速度愈慢，则电势扫描速度也应愈慢。

上述两种方法都已经获得了广泛应用，静态法测量结果更接近稳态值，但测量时间较长；动态法可以自动测绘，扫描速度可控，测量结果重现性好。本实验采用动态法。

【仪器与试剂】

电化学工作站 1 台；饱和甘汞电极 1 支；玻碳电极 1 支（研究电极）；铂电极 1 支（辅助电极）；镍丝（或者镍条）。

H_2SO_4溶液（0.5mol·L^{-1}）；镀镍液 50mL；HNO_3溶液（1∶1）；乙醇溶液（1∶1）；丙酮（C. P.）。

【实验步骤】

1. 玻碳电极预处理：将直径为 3mm 的玻碳电极用 0.05μm 的 Al_2O_3 粉末抛光至镜面，抛光后依次用 1∶1 乙醇溶液、1∶1 HNO_3溶液和蒸馏水超声清洗各 5min。

2. 玻碳电极的活化：将 0.5mol · L^{-1} H_2SO_4溶液倒入电解池中。制备好的玻碳电极放入电解池中作工作电极，以饱和甘汞电极作参比电极，铂电极为辅助电极，并按图 2-21-2 接线。开启电脑和电化学工作站，设置电位区间为－1.2～0V，进行循环伏安（CV）扫描，一直到得到稳定的 CV 曲线，说明玻碳电极表面已经活化处理好。

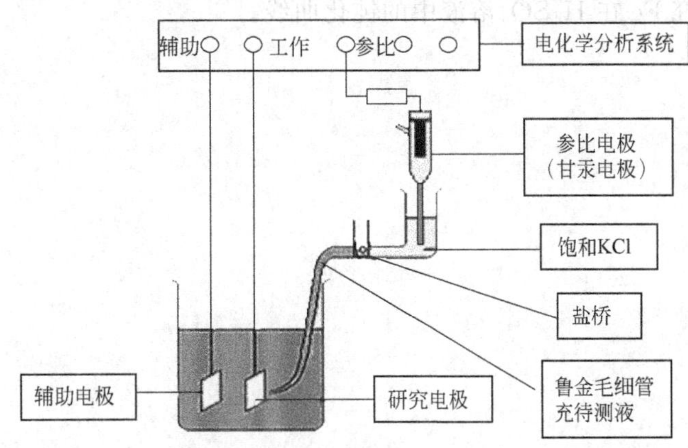

图 2-21-2　三电极装置示意图

3. 恒电势法测定镍在硫酸中的钝化曲线

（1）把 0.5mol · L^{-1} H_2SO_4溶液换成镀镍液，电极连接方式同上。

（2）测定开路电位。软件参数设置：Set up→Techniques→Open Circuit Potential-Time→OK，Run→Run Time，运行开路电位测定。

（3）测定阳极极化曲线。参数设置：Set up→Techniques→Linear Sweep Voltammetry（线性伏安扫描）→OK，Parameters→Init E（V）(起始电位设置为开路电位)；Final E（1.46V）；Scan Rate（0.005V·s），其他参数默认，开始运行阳极极化。

（4）数据储存：保存数据。

4. 镍丝用砂纸打磨后，用丙酮洗掉表层油脂，然后用蒸馏水洗净吹干。把上述电路中的镀镍电极换成镍丝电极，按相同方法测定极化曲线。

5. 实验结束后，拆卸三电极测定装置，关闭电化学工作站。

【数据处理】

1. 以电流密度为纵坐标、电极电势为横坐标，绘制阳极极化曲线（即 i-φ 曲线），求出 $\varphi_{钝化}$ 和 $i_{钝化}$。

2. 讨论所得实验结果及曲线的意义，指出钝化曲线中的活性溶解区、过渡钝化区、稳定钝化区和过钝化区。

3. 对镀镍电极和镍丝电极的极化曲线进行比较。

【注意事项】

1. 按照实验要求，严格进行电极处理。

2. 将研究电极置于电解槽时，要注意研究电极与辅助电极之间的距离尽量靠近，且每次应保持一致。

3. 每次做完测试后，应在确认电化学工作站在非工作的状态下，取出电极，关闭电源。

【思考题】

1. 金属钝化的基本原理是什么？

2. 测定极化曲线，为何需要三个电极？

【扩展实验】

1. 电解质溶液对金属的阳极化过程有重要的影响，设计实验研究 Cl^- 对 Ni 阳极钝化的影响。

提示：在电解质溶液中加入不同浓度的 KCl 溶液，测定极化曲线的变化。

2. 设计实验研究 Fe 在 H_2SO_4 溶液中的钝化曲线。

2.3 动力学

实验 22 蔗糖转化反应的速率常数

【实验目的】

1. 掌握一级反应的动力学特征。

2. 了解旋光仪的基本原理，掌握旋光仪的正确使用方法。

3. 测定蔗糖在酸催化作用下水解反应速率常数、半衰期和活化能。

【实验原理】

速率常数是化学动力学中一个重要物理量，数值上相当于参加反应的物质都处于单位浓度时的反应速率。它是确定反应历程的主要依据，在化学工程中，它又是设计合理的反应器的重要依据。

蔗糖在水中转化为葡萄糖与果糖的反应是二级反应，在纯水中反应速率极小，为使蔗糖水解反应加速，常以酸为催化剂。由于反应中的水是大量的，可以近似认为整个反应过程中水的浓度是恒定的；而 H^+ 作为催化剂，其浓度也是固定的。因此，此反应可视为准一级反应。

	$C_{12}H_{22}O_{11}$（蔗糖）$+H_2O \longrightarrow$	$C_6H_{12}O_6$（葡萄糖）$+$	$C_6H_{12}O_6$（果糖）
$t=0$	c_0	0	0
$t=t$	c（或 c_0-x）	x	x
$t=\infty$	0	c_0	c_0

设蔗糖的起始浓度为 c_0，任意时刻 t 的浓度为 c，其动力学方程为

$$-\frac{\mathrm{d}c}{\mathrm{d}t}=k_1c=k_1(c_0-x) \tag{2-22-1}$$

式中，k_1为速率常数，将式（2-22-1）积分得

$$\ln c=-k_1t+\ln c_0 \tag{2-22-2}$$

当 $c=1/2\ c_0$ 时，反应的半衰期 $t_{1/2}$表示为

$$t_{1/2}=\frac{\ln 2}{k_1}=\frac{0.693}{k_1} \tag{2-22-3}$$

由式（2-22-2）可知，一定温度下，以 $\ln c$ 对 t 作图为一直线，根据直线的斜率可求得速率常数 k_1。由于蔗糖的水解反应不断进行，要准确测定某一时刻蔗糖的浓度非常困难。但与反应物和产物浓度有定量关系的某些物理量（如旋光度、吸光度等）能实时、快速地进行测定，因此可通过这些物理量的测量代替浓度的测量。

蔗糖及其水解产物葡萄糖和果糖均为旋光性物质，蔗糖和葡萄糖都是右旋性物质，其比旋光度 $[\alpha]_D^{20}$ 分别为 66.6°和 52.5°，但产物中的果糖是左旋性物质，其比旋光度为−91.9°。由于溶液的旋光度为各组成的旋光度之和，因此随着水解反应的进行，反应体系的右旋角度不断减小，最后经过零点变成左旋。当蔗糖水解完全时，左旋角达极限值。因此可以利用体系在反应过程中旋光度的变化来衡量反应的进程。

溶液的旋光度与溶液中所含旋光物质的种类、浓度、样品管长度、光源波长及温度等因素有关。在其他条件固定时，旋光度 α 与反应物浓度 c 呈线性关系：

$$\alpha = Kc \tag{2-22-4}$$

式中，K 为与物质的旋光能力、溶液性质、溶液浓度、样品管长度和温度等均有关的常数。

设反应开始时($t=0$)、t 时刻以及蔗糖水解完全时($t=\infty$)溶液的旋光度分别为 α_0、α_t 和 α_∞。则：

$$\alpha_0 = K_{反} c_0 \qquad (t=0,\text{蔗糖尚未转化}) \tag{2-22-5}$$

$$\alpha_t = K_{反} c + K_{生}(c_0 - c) \tag{2-22-6}$$

$$\alpha_\infty = K_{生} c_0 \qquad (t=\infty,\text{蔗糖全部转化}) \tag{2-22-7}$$

式中，$K_{反}$ 和 $K_{生}$ 分别为反应物与生成物的比例常数。

由式（2-22-5）～式（2-22-7）可得

$$c_0 = \frac{\alpha_0 - \alpha_\infty}{K_{反} - K_{生}} = K'(\alpha_0 - \alpha_\infty) \tag{2-22-8}$$

$$c = \frac{\alpha_t - \alpha_\infty}{K_{反} - K_{生}} = K'(\alpha_t - \alpha_\infty) \tag{2-22-9}$$

将式（2-22-8）和式（2-22-9）代入式（2-22-2）得

$$\ln(\alpha_t - \alpha_\infty) = -k_1 t + \ln(\alpha_0 - \alpha_\infty) \tag{2-22-10}$$

若以 $\ln(\alpha_t - \alpha_\infty)$ 对 t 作图，从直线的斜率即可求得反应速率常数 k_1，进而可求得半衰期 $t_{1/2}$。

测出不同温度下的速率常数，利用 Arrhenius 经验公式(2-22-11)可计算出蔗糖水解反应的活化能 E_a。

$$\ln\frac{k_1(T_2)}{k_1(T_1)} = \frac{E_a}{R}\left(\frac{1}{T_1} - \frac{1}{T_2}\right) \tag{2-22-11}$$

【仪器与试剂】

旋光仪 1 台；恒温槽 1 套；台秤 1 台；停表 1 块；锥形瓶(150mL)1 个；磨口锥形瓶(100mL)3 个；移液管(25mL、5mL 各 2 支)；量筒(100mL)1 个；洗耳球 1 只。

HCl 溶液($3\text{mol}\cdot\text{L}^{-1}$)；蔗糖(A. R.)。

【实验步骤】

1. 将恒温槽调节到(25±0.1)℃恒温，开启旋光仪(使用方法见附录 1 仪器 11)预热。

2. 反应过程中 α_t 的测定。用台秤称取 20g 蔗糖，放入 150mL 锥形瓶中，加入 100mL 蒸馏水配成溶液(若溶液混浊则需过滤)。用移液管取 30mL 蔗糖溶液置于 100mL 带塞锥形瓶中。移取 $3\text{mol}\cdot\text{L}^{-1}$ HCl 溶液 30mL 于另一个 100mL 带塞锥形瓶中。将锥形瓶一起放入恒温槽内，恒温 10min。取出两个三角瓶，将 HCl 迅速倒入蔗糖中，来回倒三次，使之充分混合，并且在加入 HCl 时开始记时。立即用少量混合液荡洗旋光管两次，将混合液装满旋光管(操作同装蒸馏水相同)。擦净后立刻置于旋光仪中，盖上槽盖。每隔一定时间，读取一次旋光度，开始时，可每 3min 读一次；30min 后，每 5min 读一次，测定 1h。期间，将剩余的另一半反应液置于 50～60℃的水浴中温热待用。

3. α_∞ 的测定。将在 50～60℃水浴中温热 40～60min 的反应液取出(反应完全)，然后冷却至实验温度，按上述操作，测定其旋光度 α_∞。

4. 将恒温槽调节到(30.0±0.1)℃恒温，按实验步骤 2、3 测定 30.0℃时的 α_t 及 α_∞。

【数据处理】

1. 设计数据表，记录温度、盐酸浓度、α_t、α_∞ 等数据，计算不同时刻的 $\ln(\alpha_t - \alpha_\infty)$。

2. 以 $\ln(\alpha_t - \alpha_\infty)$-$t$ 作图，由直线的斜率求反应速率常数 k_1。

3. 根据式(2-22-3)，计算两个温度下反应的半衰期 $t_{1/2}$。

4. 根据式(2-22-11)，计算反应的活化能 E_a。

【注意事项】

1. 测量 α_t 要快而准，以减少实验温度波动时速率常数带来的误差。

2. 装样品时，旋光管管盖旋至不漏液体即可，不要用力过猛，以免压碎玻璃片。实验结束时，应将旋光管洗净干燥，防止酸对旋光管的腐蚀。

3. 在测定 α_∞ 时，通过加热使反应速率加快，转化完全，但加热温度不要超过 60℃，加热过程要防止水的挥发，致使溶液浓度变化。

【思考题】

1. 实验中，我们用蒸馏水来校正旋光仪的零点，试问在蔗糖转化反应过程中所测的旋光度 α_t 是否必须要进行零点校正？

2. 蔗糖的水解速率常数与哪些因素有关？

3. 配制蔗糖溶液时，用台秤称量蔗糖并不够准确，这对测量结果是否有影响？

4. 在混合蔗糖溶液和盐酸时，可否将蔗糖溶液加到盐酸中去？为什么？

5. 本实验主要的误差因素是什么？如何减少实验误差？

【扩展实验】

1. HCl 的浓度对实验结果影响很大(见附表 26)，设计实验，测定 25℃时蔗糖在不同浓度 HCl 催化下的速率常数。

2. 旋光度的测定在鉴定物质纯度、鉴别光学异构体、测定溶液密度和测定溶液浓度等方面有重要的应用。如《中国药典》中要求测定旋光度的药物有：肾上腺素、硫酸奎宁、葡萄糖等很多种。试设计实验，采用旋光度法测定葡萄糖注射液或葡萄糖氯化钠注射液中葡萄糖的含量。

实验23 药物有效期的测定

【实验目的】

1. 了解药物水解反应的特征。

2. 掌握硫酸链霉素水解反应速率常数的测定方法，求出硫酸链霉素溶液的有效期。

3. 掌握分光光度计的使用。

【实验原理】

药品有效期是指该药品被批准的使用期限，表示该药品在规定的贮存条件下能够保证质量的期限。它是控制药品质量的重要指标之一。药物的有效期一般用药物分解掉原含量的10%时所需要的时间 $t_{0.9}$ 表示，因此预测有效期的关键是确定其降解过程中的动力学方程。

链霉素是由放线菌属的灰色链丝菌产生的抗生素，硫酸链霉素是分子中的三个碱性中心与硫酸形成的盐，分子式为 $(C_{21}H_{39}N_7O_{12})_2 \cdot 3H_2SO_4$，它在临床上用于治疗各种结核病。硫酸链霉素溶液在 pH=4.0～4.5 时最为稳定，在碱性较强的条件下容易水解而失效，在碱性条件下可以水解生成麦芽酚（α-甲基-β-羟基-γ-吡喃酮），反应如下：

$$(C_{21}H_{39}N_7O_{12})_2 \cdot 3H_2SO_4 + H_2O \longrightarrow \text{麦芽酚} + \text{硫酸链霉素其他降解物}$$

该反应为准一级反应，其反应速率服从一级反应的动力学方程

$$\ln(a-x) = -k_1 t + \text{常数} \tag{2-23-1}$$

式中，a 为硫酸链霉素溶液的初始浓度；x 为 t 时刻链霉素水解掉的浓度；k_1 为水解反应速率常数。

以 $\ln(a-x)$ 对 t 作图可得一条直线，由直线的斜率即可求出反应速率常数 k_1。硫酸链霉素在碱性条件下水解得麦芽酚，而麦芽酚在酸性条件下与三价铁离子作用生成稳定的紫红色螯合物，所以可采用分光光度法进行测定。

由于硫酸链霉素溶液的初始浓度 a 正比于全部水解后产生的麦芽酚的浓度，也正比于全部水解测得的消光值 E_∞，即 $a \propto E_\infty$；在任意时刻 t，硫酸链霉素水解掉的浓度 c 与该时刻测得的消光值 E_t 成正比，即 $c \propto E_t$，将上述关系代入到速度方程中得：

$$\ln(E_\infty - E_t) = -k_1 t + \text{常数} \tag{2-23-2}$$

可见，通过测定不同时刻 t 的消光值 E_t，测定硫酸链霉素全部水解时的消光值 E_∞，以 $\ln(E_\infty - E_t)$ 对 t 作图得一直线，由直线斜率即可求出反应的速率常数 k_1。

药物的有效期 $t_{0.9}$ 用式（2-23-3）求出。

$$t_{0.9} = \frac{1}{k_1}\ln\frac{a}{a-x} = \frac{1}{k_1}\ln\frac{100}{90} = \frac{0.105}{k_1} \tag{2-23-3}$$

【仪器与试剂】

分光光度计1台；超级恒温槽1套；磨口锥形瓶（100mL）2个；移液管（20mL）1支；磨口锥形瓶（50mL）11个；吸量管（5mL 3支，1mL 1支）；量筒（50mL）1个；水浴锅1个；秒表1个。

0.4%硫酸链霉素溶液；1.12～1.18mol·L^{-1}硫酸；2.0mol·L^{-1}氢氧化钠溶液；0.5%铁试剂。

【实验步骤】

1. 设置超级恒温槽的温度为（40±0.1）℃，打开分光光度计，预热。

2. 溶液的配制。用量筒量取50mL约0.4%的硫酸链霉素溶液置于100mL的磨口锥形

瓶中，并将锥形瓶放于40℃的恒温槽中恒温，用吸量管吸取2.0mol·L^{-1}的氢氧化钠溶液0.5mL，迅速加入硫酸链霉素溶液中，当碱量加入至一半时，打开秒表，开始记录时间。

3. 反应时 E_t 的测定。取5个干燥的50mL磨口锥形瓶，编好号，分别用移液管准确加入20mL 0.5%铁试剂，再加入5滴1.12～1.18mol·L^{-1}硫酸，每隔10min，准确移取反应液5mL于上述锥形瓶中，摇匀呈紫红色，放置5min，而后在波长为520nm下用分光光度计（使用方法见附录1仪器7）测定消光值 E_t，记录实验数据。

4. E_∞的测定。最后将剩余反应液放入沸水浴中10min，然后冷却至室温再吸取2.5mL反应液于干燥的50mL磨口锥形瓶中，加入2.5mL蒸馏水，再加入20mL 0.5%铁试剂和5滴硫酸，摇匀至紫红色，测其消光值，数值乘2后即为全部水解时的消光值 E_∞。

5. 设置超级恒温槽的温度为（50±0.1）℃，重复上述测定步骤，取样时间间隔改为5min一次，测定50℃时的 E_t 和 E_∞。

【数据处理】

1. 以 $\ln(E_\infty - E_t)$ 对 t 作图，求出不同温度时反应的速率常数及活化能。

2. 求出25℃时反应的速率常数和该温度下药物的有效期。

【注意事项】

1. 使用分光光度计时，先接通电源，预热20min，使分光光度计光源稳定后再开始测定；为了延长光电管的寿命，在不测定时，应将暗盒盖打开。

2. 为测得正确的数据，要洗净比色皿，防止比色皿被玷污。

【思考题】

1. 使用的50mL磨口瓶为什么要事先干燥？

2. 取样分析时，为什么要先加入铁试剂和硫酸，然后对反应液进行比色分析？

【扩展实验】

1. 查阅文献，拟定出四环素药物有效期的测定方法，测定其有效期，并与药品说明书比对测定结果。

提示：确定药物降解过程中的动力学方程，关键是要测定浓度随时间的变化规律，不同药物可根据体系的性质设计不同的实验方法获得 t 时刻的浓度。

2. 如何合理确定病人给药时间间隔？

提示：确定病人给药时间间隔需要通过实验确定两个主要数据：①药物在人体有关部位的浓度随时间减小的规律，据此可确定药物代谢的动力学方程；②药物在人体中的最低有效浓度。

实验 24 乙酸乙酯皂化反应

【实验目的】

1. 学会用电导法测定乙酸乙酯皂化反应的速率常数。

2. 掌握二级反应的特点，学会用图解法求二级反应的速率常数和活化能。

3. 熟练掌握电导率仪和恒温槽的使用方法。

【实验原理】

乙酸乙酯皂化反应是二级反应，当起始浓度为 a 的乙酸乙酯与同浓度的氢氧化钠溶液发生反应时，反应过程中各反应物和产物的浓度与时间关系如下：

$$CH_3COOC_2H_5 + NaOH = CH_3COONa + C_2H_5OH$$

$t=0$	a	a	0	0
$t=t$	$a-x$	$a-x$	x	x
$t=\infty$	0	0	a	a

反应速率方程为：

$$r=\frac{dx}{dt}=k_2(a-x)^2 \tag{2-24-1}$$

式中，x 为反应时刻 t 时反应物消耗掉的浓度；k_2 为反应的速率常数。将上式定积分得：

$$\frac{x}{a(a-x)}=k_2t \tag{2-24-2}$$

已知起始浓度，只要由实验测得不同时刻 t 时的 x 值，以$\frac{x}{a-x}$对 t 作图，如果得到一条直线，可以证明此反应是二级反应，并可以从直线的斜率求出速率常数 k_2 值。

溶液中导电的离子有 OH^-、Na^+和 CH_3COO^-，由于反应体系是很稀的溶液，可认为 CH_3COONa 是全部电离的。反应前后 Na^+的浓度是不变的，随着反应的进行，仅仅是导电能力很强的 OH^-逐渐被导电能力弱的 CH_3COO^-所取代，致使溶液的电导率逐渐减小，因此可用电导率仪测定反应进程中电导率随时间的变化，从而达到跟踪反应物浓度随时间变化的目的。

对于强电解质在一定浓度范围内，电导率 κ 与其浓度成正比，溶液的总电导率等于组成该溶液的电解质电导率之和。因此，反应起始、任一时刻 t 及反应完全后，溶液的电导率 κ_0、κ_∞和 κ_t 可分别表示为

$$\kappa_0=C_1a \tag{2-24-3}$$

$$\kappa_\infty=C_2a \tag{2-24-4}$$

$$\kappa_t=C_1(a-x)+C_2x \tag{2-24-5}$$

式中，C_1和 C_2为比例常数。由式（2-24-3）～式（2-24-5）可得

$$x=a\left(\frac{\kappa_0-\kappa_t}{\kappa_0-\kappa_\infty}\right) \tag{2-24-6}$$

将式（2-24-6）代入式（2-24-2）得

$$\kappa_t=\frac{1}{ak_2}\,\frac{\kappa_0-\kappa_t}{t}+\kappa_\infty \tag{2-24-7}$$

用电导率仪测定不同时间溶液的电导率 κ_t 和起始溶液的电导率 κ_0，以 κ_t 对 $\frac{\kappa_0-\kappa_t}{t}$ 作图，得一直线，从直线的斜率可求出反应速率常数 k_2 值。如果测定不同温度下的反应速率常数 $k_2(T_2)$ 和 $k_2(T_1)$，根据 Arrhenius 公式，可计算出该反应的活化能 E_a。

$$\ln\frac{k_2(T_2)}{k_2(T_1)}=\frac{E_a}{R}\left(\frac{1}{T_1}-\frac{1}{T_2}\right) \tag{2-24-8}$$

【仪器与试剂】

电导率仪（附铂黑电极）1台；电导池1个；恒温槽1台；容量瓶（250mL）1个；磨口三角瓶（200mL）3个；移液管（50mL、1mL 各2支）；秒表1个。

$0.0200\text{mol}\cdot\text{L}^{-1}$ NaOH 水溶液；乙酸乙酯（A.R.）；电导水。

【实验步骤】

1. 将恒温槽的温度调至（25.0±0.1)℃或（30.0±0.1)℃。

2. 配制乙酸乙酯溶液：准确配制与 NaOH 溶液浓度（约 $0.0200\text{mol}\cdot\text{L}^{-1}$）相等的乙酸乙酯溶液。方法如下：根据室温下乙酸乙酯的密度（见附表11），计算出配制 250mL $0.0200\text{mol}\cdot\text{L}^{-1}$ 的乙酸乙酯溶液所需的乙酸乙酯的体积 V，然后用移液管吸取 VmL 乙酸乙酯注入 250mL 容量瓶中，用电导水稀释至刻度，即为 $0.0200\text{mol}\cdot\text{L}^{-1}$ 的乙酸乙酯溶液。

3. 调节电导率仪：电导率仪的使用见附录1仪器9。

4. 电导率 κ_0 的测定。在干燥的 200mL 磨口三角瓶中，用移液管加入 50mL $0.0200\text{mol}\cdot\text{L}^{-1}$ 的 NaOH 溶液和等体积的电导水，混合均匀后，倒出少量溶液洗涤电导池和电极，然后将剩余溶液倒入电导池（盖过电极上沿约 2cm），恒温约 15min，并轻轻摇动数次，然后将电极插入溶液，测定溶液的电导率，直至其不变为止，此数值即为 κ_0。

5. 电导率 κ_t 的测定。用移液管移取 50mL $0.0200\text{mol}\cdot\text{L}^{-1}$ 的 $CH_3COOC_2H_5$，加入干燥的 200mL 磨口三角瓶中，用另一只移液管取 50mL $0.0200\text{mol}\cdot\text{L}^{-1}$ 的 NaOH 溶液，加入另一干燥的 200mL 磨口三角瓶中。将两个三角瓶置于恒温槽中恒温 15min，并摇动数次。将恒温好的 NaOH 溶液迅速倒入盛有 $CH_3COOC_2H_5$ 的三角瓶中，同时开动停表，作为反应的开始时间，迅速将溶液混合均匀，并用少量溶液洗涤电导池和电极，然后将溶液倒入电导池（溶液高度同前），测定溶液的电导率 κ_t。由于反应有热效应，开始反应时温度不稳定，第一个电导率数据可在反应进行到 6min 时读取，以后每隔 3min 测定一次，直至 40min。记录 κ_t 和对应时间 t。

6. 另一温度下 κ_0 和 κ_t 的测定。调节恒温槽温度为（35.0±0.1)℃。重复上述4、5步骤，测定另一温度下的 κ_0 和 κ_t。但在测定 κ_t 时，按反应进行 4min、6min、8min、10min、12min、15min、18min、21min、24min、27min 和 30min 时测其电导率。实验结束后，关闭电源，取出电导电极，用电导水洗净并置于电导水中保存待用。

【数据处理】

1. 将 t、κ_t 和 $\frac{\kappa_0-\kappa_t}{t}$ 以数据的形式列表。

2. 以两个温度下的 κ_t 对 $\frac{\kappa_0-\kappa_t}{t}$ 作图，分别得一直线，由直线的斜率计算各温度下的速率常数。按式（2-24-8）计算乙酸乙酯皂化反应的活化能。将实验结果与文献值（见附表26）进行比较，并分析误差产生的原因。

【注意事项】

1. 本实验需用电导水，并避免接触空气及灰尘杂质落入。

2. NaOH 溶液需新鲜配制，配制好的 NaOH 溶液需装配碱石灰吸收管，以防止空气中的 CO_2进入。配制好的 NaOH 溶液需用邻苯二甲酸氢钾进行浓度标定，以得到准确的浓度。

3. 乙酸乙酯溶液和 NaOH 溶液浓度必须相同。

4. 乙酸乙酯溶液需临时配制，配制时动作要迅速，以减少挥发损失。

【思考题】

1. 为什么由 0.0100mol·L^{-1}的 NaOH 溶液和 0.0100mol·L^{-1} CH_3COONa 溶液测得的电导率可以认为是 κ_0 和 κ_∞？

2. 如果 NaOH 和 $CH_3COOC_2H_5$溶液为浓溶液时，能否用此法求 k_2 值，为什么？

3. 如果两种反应物起始浓度不相等，试问应怎样计算 k_2 的值？

4. 为何本实验要在恒温条件下进行，而且 $CH_3COOC_2H_5$ 和 NaOH 溶液在混合前还要预先恒温？

【扩展实验】

1. 设计实验证明乙酸乙酯皂化反应为二级反应。

2. 乙酸乙酯皂化反应过程中溶液的 pH 值是逐渐减小的，请查阅文献设计利用 pH 值法测定反应的速率常数和活化能。

实验 25 丙酮碘化反应动力学

【实验目的】

1. 初步认识复杂反应的机理，了解复杂反应表观速率常数的求算方法。
2. 掌握确定反应级数的方法。
3. 掌握分光光度计的使用方法。
4. 测定酸催化时丙酮碘化反应的速率常数及活化能。

【实验原理】

不同的化学反应，其反应机理是不相同的。按反应机理的复杂程度可以将反应分为基元反应（简单反应）和复杂反应两种类型。简单反应是由反应物粒子经碰撞一步就直接生成产物的反应；复杂反应不是经过简单的一步就能完成的，而是要通过生成中间产物的许多步骤来完成的，其中每一步都是一个基元反应。

丙酮碘化反应是复杂反应，反应方程式为：

$$CH_3-\underset{\underset{O}{\|}}{C}-CH_3+I_2\xrightarrow{H^+}CH_3-\underset{\underset{O}{\|}}{C}-CH_2I+H^++I^-$$

该反应产生的 H^+ 反过来又起催化作用，故是一个自催化反应。一般认为该反应的机理包括下列两步：

$$\underset{(A)}{CH_3-\underset{\underset{O}{\|}}{C}-CH_3}\xrightarrow{H^+}\underset{(B)}{CH_3-\underset{\underset{OH}{|}}{C}=CH_2} \tag{2-25-1}$$

$$\underset{(C)}{CH_3-\underset{\underset{OH}{|}}{C}=CH_2}+\underset{(D)}{I_2}\longrightarrow\underset{(E)}{CH_3-\underset{\underset{O}{\|}}{C}-CH_2I}+H^++I^- \tag{2-25-2}$$

这是一个连续反应。反应（2-25-1）是丙酮的烯醇化反应，它是一个很慢的可逆反应；反应（2-25-2）是烯醇的碘化反应，它是一个快速且能进行到底的反应。由于反应（2-25-1）的速率很小，而反应（2-25-2）的速率又很大，中间产物烯醇一旦生成又马上消耗掉了，所以，根据连续反应的特点，该反应的总速率由反应（2-25-1）的速率所决定，其反应的速率方程可表示为：

$$r=-\frac{dc_A}{dt}=\frac{dc_E}{dt}=kc_Ac_{H^+} \tag{2-25-3}$$

式中，c_A为丙酮的浓度；c_{H^+} 为 H^+ 的浓度；c_E 为碘化丙酮的浓度；k 为丙酮碘化反应的总速率常数。

由反应（2-25-2）可知：

$$-\frac{dc_{I_2}}{dt}=\frac{dc_E}{dt} \tag{2-25-4}$$

由式（2-25-3）和式（2-25-4）可得

$$r=-\frac{dc_{I_2}}{dt}=kc_Ac_{H^+} \tag{2-25-5}$$

由于碘在可见光区有一个比较宽的吸收带，所以本实验可采用分光光度法来测定丙酮碘化反应过程中碘的浓度随时间的变化。若在反应过程中，丙酮的浓度远大于碘的浓度且催化剂酸的浓度也足够大时，则可把丙酮和酸的浓度看作不变，把式（2-25-5）积分得：

$$c_{I_2}=-kc_A c_{H^+} t+B \tag{2-25-6}$$

式中，B 为积分常数。

按照朗伯-比耳（Lambert-Beer）定律，某指定波长的光通过碘溶液后的光强为 I，通过蒸馏水后的光强为 I_0，则透光率 T 可表示为：

$$T=\frac{I}{I_0} \tag{2-25-7}$$

透光率与碘的浓度之间的关系可表示为：

$$\lg T=-\varepsilon l c_{I_2} \tag{2-25-8}$$

式中，l 为比色槽的光径长度；ε 是摩尔吸收系数。将式（2-25-6）代入式（2-25-8）得：

$$\lg T=k\varepsilon l c_A c_{H^+} t+B' \tag{2-25-9}$$

式中，B'为积分常数。

以 $\lg T$ 对 t 作图可得一直线，直线的斜率为 $k\varepsilon l c_A c_{H^+}$。式中，$\varepsilon l$ 可通过测定一已知浓度的碘溶液的透光率，由式（2-25-8）求得。当 c_A 和 c_{H^+} 浓度已知时，只要测出不同时刻反应体系对指定波长的透光率，就可以利用式（2-25-9）求出反应的总速率常数 k。

已知两个或两个以上温度的速率常数，就可以根据 Arrhenius 关系式估算反应的活化能：

$$E_a=\frac{RT_1T_2}{T_2-T_1}\ln\frac{k_2}{k_1} \tag{2-25-10}$$

为了验证上述反应机理，可以进行反应级数的测定。根据总反应方程式，可建立如下关系式：

$$r=-\frac{dc_A}{dt}=kc_A^{\alpha}c_{H^+}^{\beta}c_{I_2}^{\gamma} \tag{2-25-11}$$

式中，α、β、γ 分别表示丙酮、氢离子和碘的反应级数。若保持氢离子和碘的起始浓度不变，只改变丙酮的起始浓度，分别测定在同一温度下的反应速率，则：

$$\frac{r_2}{r_1}=\left(\frac{c_{A,2}}{c_{A,1}}\right)^{\alpha} \tag{2-25-12}$$

式中，r_2 和 r_1 分别为丙酮浓度为 $c_{A,2}$ 和 $c_{A,1}$ 时的反应速率，由式（2-25-12）可求出 α，同理可求出 β 和 γ。

【仪器与试剂】

分光光度计 1 台；超级恒温槽 1 台；带有恒温夹层的比色皿 1 个；容量瓶（50mL）8 个；移液管（5mL）4 支；停表 1 个。

HCl 溶液（1.00mol·L^{-1}）；I_2溶液（含 4%KI）（0.03mol·L^{-1}）；丙酮（A.R.）。

【实验步骤】

1. 设置超级恒温槽的温度为（25±0.1）℃。

2. 打开分光光度计（使用方法见附录 1 仪器 7）电源。对分光光度计进行透光率 100% 的校正：将波长调到 565nm，比色皿中装满蒸馏水，在光路中放好。恒温 10min 后调节蒸馏水的透光率为 100%。

3. 求 εl 值。取 0.03mol·L^{-1}碘溶液 5mL 注入 50mL 容量瓶中，用蒸馏水稀释至刻度，摇匀，放入恒温槽中恒温。取恒温好的碘溶液注入恒温比色皿，在（25±0.1）℃下置于光路中，测其透光率。

4. 测定丙酮碘化反应的速率常数及反应级数。

按表 2-25-1 所示量，分别在 4 个 50mL 容量瓶中加入盐酸和碘溶液，恒温 10min，然后加入恒温好的所示量的丙酮溶液，用恒温好的蒸馏水洗涤盛有丙酮的容量瓶 3 次。洗涤液均倒入盛有混合液的容量瓶中，最后用蒸馏水稀释至刻度。混合均匀，洗涤比色皿 3 次。然后装满比色皿，用擦镜纸擦去残液，置于光路中，测定透光率，并同时开启停表。以后每隔 2min 读一次透光率，直到透光率为 100％为止。

表 2-25-1　溶液的配制

编号	2mol·L^{-1}丙酮溶液	1mol·L^{-1}盐酸	0.03mol·L^{-1}碘溶液
1	5mL	5mL	5mL
2	10mL	5mL	5mL
3	5mL	10mL	5mL
4	5mL	5mL	2.5mL

5. 将恒温槽的温度升高到（35±0.1）℃，按相同方法重复步骤 2、3、4，但测定时间应相应缩短，可改为 1min 记录一次。

【数据处理】

1. 将所测实验数据列表。

2. 根据步骤 3 中的数据及式（2-25-8）求 εl 值。

3. 将 $\lg T$ 对时间 t 作图，得四条直线，求直线的斜率，并求出反应的速率常数，取平均值。

4. 利用两个温度下的速率常数，根据式（2-25-10）求反应的活化能。

5. 利用表 2-25-1 中编号为 1 和 2 中的数据，根据式（2-25-12）可求出 α，同理可求出 β，γ。

【注意事项】

1. 混合反应溶液时，操作必须迅速准确。

2. 比色皿应放在合适的位置（透光的位置）。

3. 温度影响反应速率常数，实验时体系始终要恒温。

【思考题】

1. 实验中改变加入各溶液的顺序对实验结果有什么影响？

2. 影响本实验结果的主要因素是什么？

3. 本实验中，将丙酮溶液加到盐酸和碘的混合液中，但没有立即计时，这样对实验结果是否有影响？为什么？

【扩展实验】

1. 本实验的成败关键是反应物浓度的准确性和测量过程中温度的控制。查阅文献改进实验，解决这两个关键因素产生的误差。

2. 在本实验中，反应体系中还存在一个次要反应，即溶液中存在着 I_2、I^- 和 I_3^- 的平衡：$I_2+I^- \rightleftharpoons I_3^-$，其中，$I_2$ 和 I_3^- 都吸收可见光。在 565nm 波长条件下，溶液的光密度 $E\left(E=\lg\dfrac{1}{T}\right)$与总碘量（$I_2+I_3^-$）成正比，因此常数 εl 可以由测定已知浓度碘溶液的总光密度 E 求出。试设计实验用分光光度法测量实验中 I_2 的含量。

实验26 酶催化反应米氏常数的测定

【实验目的】

1. 了解酶催化反应的一般机理和米氏常数的测定方法。

2. 了解底物浓度与酶反应速率之间的关系。

3. 用分光光度法测定蔗糖酶的米氏常数 K_M。

【实验原理】

酶是生物体内产生的具有高效催化活性的一类蛋白质，催化效率比一般催化剂高 $10^7 \sim 10^{13}$ 倍，且具有高度的选择性，一种酶只能作用于某一种或某一类特定物质。米氏常数 K_M 是研究酶催化反应动力学最重要的常数。测定 K_M 值不仅对研究酶的特性具有重要意义，而且通过 K_M 可以了解酶催化动力学反应的有关性质。

酶的催化反应速率与底物浓度、酶浓度、温度、pH 值等因素有关。实验证明，在一定温度下，对某一特定酶催化反应来说，反应速率 r 与底物浓度[S]的典型曲线如图 2-26-1 所示。

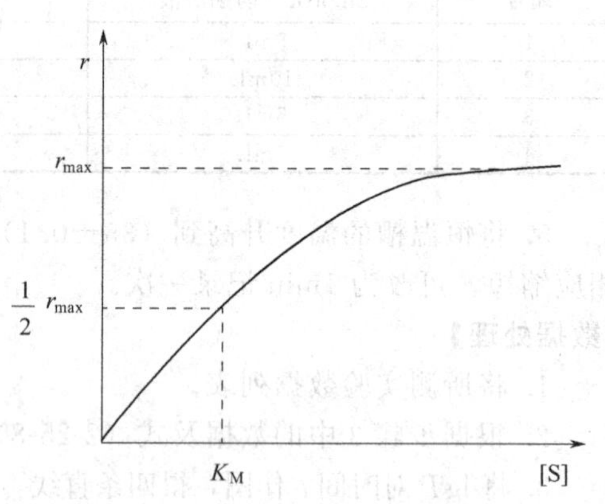

图 2-26-1　酶反应速率与底物浓度的关系

Michaelis 和 Menten 提出了酶催化反应机理，认为酶（E）与底物（S）先形成中间化合物（ES），然后中间化合物再进一步分解为产物（P），并释放出酶：

$$S + E \underset{k_{-1}}{\overset{k_1}{\rightleftharpoons}} ES \xrightarrow{k_2} E + P \tag{2-26-1}$$

式中，k_1、k_{-1}、k_2 代表反应各步的速率常数。通过稳态近似处理导出了著名的米氏方程，此方程直接给出了酶反应速率和底物的浓度关系，即：

$$r = \frac{r_{max}[S]}{K_M + [S]} \tag{2-26-2}$$

式中，K_M 为米氏常数；[S] 为底物浓度；K_M 值为：

$$K_M = \frac{k_{-1} + k_2}{k_1} \tag{2-26-3}$$

由式（2-26-2）可看出，米氏常数 K_M 是反应速率达到最大值的一半时的底物浓度，即当 $r = \frac{1}{2} r_{max}$ 时，$K_M = [S]$（K_M 的单位与底物浓度的单位一致）。基于这一点，测定不同底物浓度时的酶反应速率，利用作图法，求出 r_{max}，在 $\frac{1}{2} r_{max}$ 处的相应位置上就可以求出 K_M 的近似值。但用这种方法并不理想，因为即使用很大的底物浓度，也只能求得 K_M 的近似值。

为了准确求得 K_M 值，可采用双倒数作图法，即将方程（2-26-2）改写成直线方程：

$$\frac{1}{r} = \frac{K_M}{r_{max}} \times \frac{1}{[S]} + \frac{1}{r_{max}} \tag{2-26-4}$$

以 $1/r$ 对 $1/[S]$ 作图应得到一条直线，如图 2-26-2 所示。直线的截距是$\frac{1}{r_{max}}$，斜率为$\frac{K_M}{r_{max}}$，直线与横坐标的交点为$-\frac{1}{K_M}$。

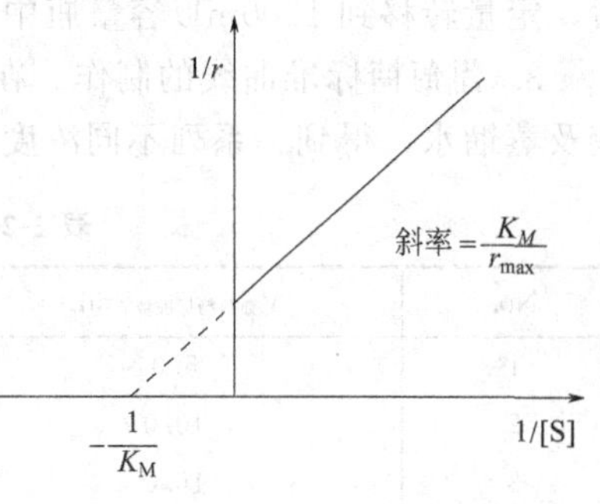

图 2-26-2　双倒数作图法

在指定条件下，每一种酶的反应都有它特定的 K_M 值，与酶的浓度无关。K_M 越小，表示酶和底物反应越完全。大多数酶的 K_M 值在 $0.01\sim100mol\cdot L^{-1}$ 之间。

本实验用的蔗糖酶是一种水解酶，它能使蔗糖水解成葡萄糖和果糖，反应式如下：

$$蔗糖 + H_2O \xrightarrow{(蔗糖酶)} 葡萄糖 + 果糖$$

该反应的速率可以用单位时间内葡萄糖（产物）浓度的增大来表示。葡萄糖是一种还原糖，它与 3，5-二硝基水杨酸共热（100℃）后被还原成红棕色的氨基化合物，在一定浓度范围内，还原糖（葡萄糖）的量和红棕色物质颜色的深浅程度呈一定比例关系，因此可以用分光光度法来测定反应在单位时间内生成葡萄糖的量，得到反应速率。

【仪器与试剂】

高速离心机 1 台；分光光度计 1 台；恒温水浴 1 套；移液管（1mL、2mL 各 1 支）；容量瓶（1000mL 2 个、50mL 9 个）；磨口锥形瓶（50mL）；烧杯（100mL）1 个。

甲苯（A. R.）；3，5-二硝基水杨酸试剂（DNS）；乙酸缓冲液（$0.1mol\cdot L^{-1}$）；蔗糖（A. R.）；葡萄糖（A. R.）；NaOH 水溶液（$2.00mol\cdot L^{-1}$）；酒石酸钾钠（A. R.）；重蒸酚（A. R.）；亚硫酸钠（A. R.）。

【实验步骤】

1. 蔗糖酶的制取

在 50mL 磨口锥形瓶中，加入约 10g 鲜酵母。加少许无菌蒸馏水，把鲜酵母调成干糊状。再加 0.8g NaAc，搅拌 20min 后加入 1.5mL 甲苯。用磨口塞塞住瓶口摇动 10min，放入 37℃的恒温箱中保温 60h。取出后加入 1.6mL $4mol\cdot L^{-1}$ 乙酸和 5mL 无菌水，使 pH 值约为 4.5。混合物以 $3000r\cdot min^{-1}$ 离心 30min（高速离心机的使用见附录 1 仪器 12）。离心后溶液分为三层，用滴管将中层溶液移出，注入试管中，即为粗制酶液。

2. 溶液的配制

（1）3，5-二硝基水杨酸（DNS）试剂：将 6.3g DNS 试剂和 262mL 的 $2mol\cdot L^{-1}$ NaOH 加到酒石酸钾钠的热溶液中（182g 酒石酸钾钠溶于 500mL 水中），再加 5g 重蒸酚和 5g 亚硫酸钠，微热搅拌溶解，冷却后加蒸馏水定容到 1000mL，储于棕色瓶中备用。

（2）0.1%葡萄糖标准液（$1mg\cdot mL^{-1}$）：预先在 90℃下将葡萄糖烘 1h，然后准确称取 1g 于 100mL 烧杯中，用少量蒸馏水溶解后，定量转移至 1000mL 容量瓶中，稀释至刻度。

（3）$0.1mol\cdot L^{-1}$ 蔗糖液：准确称取 34.2g 蔗糖于 100mL 烧杯中，加少量蒸馏水溶解后，定量转移到1000mL容量瓶中，稀释至刻度。

3. 葡萄糖标准曲线的制作。在9个50mL容量瓶中，按表2-26-1加入0.1%葡萄糖标准液及蒸馏水，得到一系列不同浓度的葡萄糖溶液。

表 2-26-1　不同浓度葡萄糖溶液的配制

No.	$V_{葡萄糖标准液}$/mL	V_{H_2O}/mL	$c_{葡萄糖}$/$\mu g \cdot mL^{-1}$
1	5.0	45.0	100
2	10.0	40.0	200
3	15.0	35.0	300
4	20.0	30.0	400
5	25.0	25.0	500
6	30.0	20.0	600
7	35.0	15.0	700
8	40.0	10.0	800
9	45.0	5.0	900

分别吸取上述不同浓度的葡萄糖液1.0mL注入9支试管内，另取一支试管加入1.0mL蒸馏水，然后在每支试管中加入1.5mL DNS试剂，混合均匀，在沸水浴中加热5min后，取出以冷水冷却，每管内再注入蒸馏水2.5mL，摇匀。在72型分光光度计上测量其吸光度A值，测量时采用540nm进行比色测定。根据测量结果作出标准曲线。

4. 蔗糖酶米氏常数K_M的测定

按表2-26-2数据在9支试管中分别加入0.1mol·L^{-1}蔗糖液、0.1mol·L^{-1}乙酸缓冲液(pH=4.6)，总体积达2mL，置于35℃水浴中预热。另取预先制备的酶液在35℃水浴中保温10min，依次向试管中加入稀释过的酶液各2.0mL，准确作用5min（用秒表计时）后，再按次序加入0.5mL 2mol·L^{-1} NaOH溶液，摇匀，令酶反应终止。测定时，从每支试管中各吸取0.5mL酶反应液加入盛有1.5mL DNS试剂的25mL比色管中，并分别加入1.5mL蒸馏水，在沸水浴中加热5min后用冷水冷却，再用蒸馏水稀释至刻度，摇匀。然后用分光光度计逐一进行比色测定吸光度值。

表 2-26-2　反应物溶液的配制数据表

No.	1	2	3	4	5	6	7	8	9
$V_{蔗糖标准液}$/mL	0	0.20	0.25	0.30	0.35	0.40	0.50	0.60	0.80
$V_{乙酸缓冲液}$/mL	2.00	1.80	1.75	1.70	1.65	1.60	1.50	1.40	1.20

【注意事项】

1. 酶易为细菌破坏而失去活性，故制备时所用一切器皿均需经蒸煮消毒后才能使用。

2. 酶和底物应预先保温数分钟。

3. 反应时间应准确把握。

【数据处理】

1. 根据表2-26-1中不同浓度葡萄糖溶液的吸光度绘制标准曲线。

2. 根据反应物溶液测得的吸光度，在标准曲线上查出对应的葡萄糖浓度，结合反应时间求出反应速率r。

3. 将$1/r$对$1/[S]$作图，从直线斜率和截距求出K_M值和r_{max}值。

4. 某些酶的 K_M文献值见附表 27。

【思考题】

1. 米氏常数 K_M的物理意义是什么?

2. 为什么测定酶的 K_M值要采用初始速率法?

3. 试讨论本实验米氏常数的测定结果与底物浓度、反应温度和酸度的关系。

【扩展实验】

1. 设计实验考察温度对酶催化反应速率的影响，测定酶反应的最适宜温度。

提示：温度对酶催化反应速率有显著的影响，温度过低或过高都会减慢酶催化反应的速率甚至完全没有催化作用。

2. 设计实验探究 pH 值对酶催化反应速率的影响，测定酶反应的最适宜酸碱度。

提示：大部分酶的活性都与酸碱度有关，在一定 pH 值下，酶反应具有最大的速率，该 pH 值称为酶反应的最适 pH 值。酶的最适 pH 值并不是常数，有时会因底物种类、浓度及缓冲液成分不同而变化。动物酶的最适 pH 值多为 6.5～8.0，植物及微生物酶的最适 pH 值多为 4.5～6.5。

3. 在蔗糖的转化反应实验（实验 22）中，采用旋光法检测蔗糖的浓度。请设计实验，用旋光法测蔗糖酶的米氏常数，并将两种方法进行比较。

实验 27 B-Z 化学振荡反应

【实验目的】

1. 了解振荡反应的基本原理。

2. 掌握研究化学振荡反应的实验方法。

3. 测定 B-Z 化学振荡反应在不同温度下的诱导时间及振荡周期，并计算在实验温度范围内反应的诱导活化能和振荡活化能。

【实验原理】

化学振荡是指在反应体系中某些物理量如组分浓度随时间作周期性变化。它具有非线性动力学微分速率方程，是在开放体系中进行的远离平衡的一类反应。自然界存在大量这种远离平衡的敞开系统，它们的变化规律不同于通常研究的平衡或近平衡的封闭系统，与封闭系统相反，它们是趋于更加有秩序、有组织。由于这类系统在变化过程中与外部环境进行了物质和能量交换，并且利用适当的有序结构来耗散环境传递的物质和能量，这样的过程称为耗散过程。受非线性动力学控制，系统变化显示了时间和空间的周期性规律。

B-Z 振荡反应是用首先发现这类反应的前苏联科学家 Belousov 及 Zhabotinsky 的名字命名的。目前研究得较多、较清楚的典型耗散结构系统为 B-Z 振荡反应系统，即有机物在酸性介质中被催化溴氧化的一类反应，如丙二酸在 Ce^{4+} 的催化作用下，酸性介质中溴氧化的反应。其化学反应方程式为：

$$2BrO_3^- + 3CH_2(COOH)_2 + 2H^+ \longrightarrow 2BrCH(COOH)_2 + 3CO_2 + 4H_2O \tag{2-27-1}$$

真实的反应过程是比较复杂的，人们曾经对 B-Z 反应做过多方面的探讨，并提出了不少反应历程来解释 B-Z 振荡反应，其中最具有说服力的是 FKN 机理（Fidld，Koros 及 Noyes 三姓名的简写），他们认为反应由三个主要过程组成。

过程 A：

$$BrO_3^- + Br^- + 2H^+ \longrightarrow HBrO_2 + HBrO \tag{2-27-2}$$

$$HBrO_2 + Br^- + H^+ \longrightarrow 2HBrO \tag{2-27-3}$$

过程 B：

$$BrO_3^- + HBrO_2 + H^+ \longrightarrow 2BrO_2\cdot + H_2O \tag{2-27-4}$$

$$BrO_2\cdot + Ce^{3+} + H^+ \longrightarrow HBrO_2 + Ce^{4+} \tag{2-27-5}$$

$$2HBrO_2 \longrightarrow BrO_3^- + HBrO + H^+ \tag{2-27-6}$$

过程 C：

$$4Ce^{4+} + BrCH(COOH)_2 + H_2O + HBrO \longrightarrow 2Br^- + 4Ce^{3+} + 3CO_2 + 6H^+ \tag{2-27-7}$$

过程 A 中消耗 Br^-，产生能进一步反应的 $HBrO_2$，HBrO 为中间产物。

过程 B 是一个自催化过程，在 Br^- 消耗到一定程度后，$HBrO_2$ 才按式（2-27-4）和式（2-27-5）进行反应，并使反应不断加速，与此同时，催化剂 Ce^{3+} 被氧化成 Ce^{4+}。$HBrO_2$ 的累积同时会受到反应式（2-27-6）的制约。

过程 C 为丙二酸被溴化为 $BrCH(COOH)_2$ 的过程，使得催化剂 Ce^{4+} 被还原成 Ce^{3+}，并产生 Br^- 和其他产物。该过程对化学振荡非常重要，如果只有 A、B 过程，就是一般的自催化反应，进行一次就完成了，正是由于有了过程 C，以有机物消耗为代价，重新得到了 Br^- 和 Ce^{3+}，反应得以再次发生，形成周期性振荡。所以在此振荡反应中，Br^- 是控制离子。

研究B-Z振荡反应可以采用离子选择性电极法、分光光度法和电化学法等方法。在本实验中采用电化学方法来测定电势随时间的变化，并从电势与时间的关系曲线上可得出诱导时间 t_u 和振荡周期 t_p。根据阿伦尼乌斯（Arrhenius）方程，t_u 和 t_p 与温度的关系可表示为：

$$\ln\frac{1}{t_u}=-\frac{E_u}{RT}+\ln A \tag{2-27-8}$$

$$\ln\frac{1}{t_p}=-\frac{E_p}{RT}+\ln A \tag{2-27-9}$$

式中，E 是表观活化能；A 是经验常数。以 $\ln\frac{1}{t_u}$ 或者 $\ln\frac{1}{t_p}$ 对 $1/T$ 作图，从直线的斜率可以求出 E_u 和 E_p。

【仪器与试剂】

数字式pH/离子计1台；记录仪1台（或者计算机采集系统1套；或电化学分析仪1台）；带恒温夹套玻璃反应器1个；磁力搅拌器1台；超级恒温槽1台；铂电极1支；参比电极（硫酸钾作参比液）1支；容量瓶（100mL）4个；移液管（10mL）4支。

丙二酸（A.R.）；溴酸钾（G.R.）；硫酸铈铵（A.R.）；浓硫酸（A.R.）；硫酸($1mol\cdot L^{-1}$)。

【实验步骤】

1. 配制溶液：配制 $0.4mol\cdot L^{-1}$ 丙二酸溶液、$3mol\cdot L^{-1}$ 硫酸、$0.2mol\cdot L^{-1}$ 的溴酸钾溶液、$0.004mol\cdot L^{-1}$ 硫酸铈铵溶液各100mL。

2. 按图2-27-1连接好振荡反应装置。打开超级恒温槽，将温度调节至（25±0.1)℃。

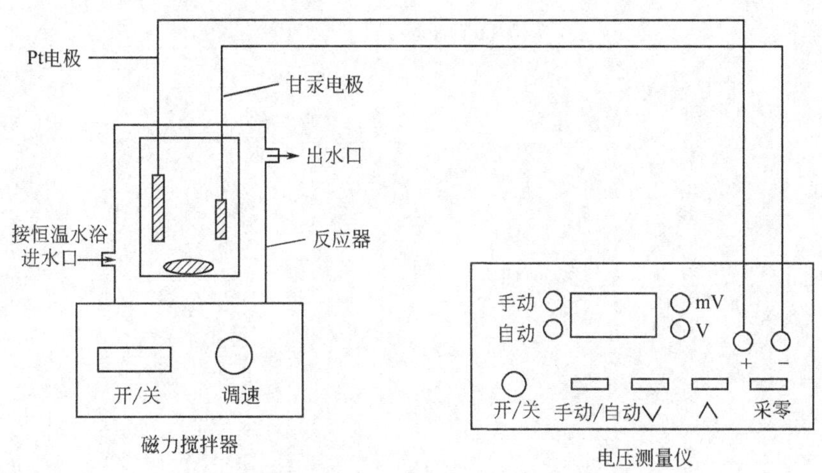

图2-27-1　实验装置示意图

3. 在恒温反应器中依次加入已配好的丙二酸、硫酸和溴酸钾溶液各10mL，打开磁力搅拌器，同时将装有 $0.004mol\cdot L^{-1}$ 硫酸铈铵溶液的试剂瓶放入超级恒温槽中，恒温10min。

4. 先在放置甘汞电极的液接管中加入少量 $1mol\cdot L^{-1}$ 的硫酸（确保电极浸入溶液中)，然后将甘汞电极插入，同时取下电极侧面的胶帽。

5. 让电势记录仪的基线走2min左右，然后加入硫酸铈铵盐10mL，开始计时。观测反应过程中溶液的变化以及电势的变化，从体系电势第一次迅速减小到最小值之前的这段时间为诱导期 t_u。

6. 在经历诱导期后，反应进入振荡阶段。在 E-t 曲线上，两个振荡峰谷所经历的时间

为振荡周期 t_p。连续记录 5～10 个振荡周期，取其平均值。

7. 将反应器、电极等清洗干净。将温度每升高 5℃，重复一次上述实验，共测 5 个温度时的 E-t 曲线。

8. 实验完毕，将反应器、电极等清洗干净。

【数据处理】

1. 将各温度下的诱导时间 t_u 和振荡周期 t_p 列表。

2. 根据式（2-27-8），以 $\ln\frac{1}{t_u}$ 或者 $\ln\frac{1}{t_p}$ 对 $1/T$ 作图，求出活化能 E_u 和 E_p。

【注意事项】

1. 配制硫酸铈铵溶液时，一定要在 $0.2\text{mol}\cdot\text{L}^{-1}$ 硫酸介质中进行，防止硫酸铈铵发生水解呈浑浊。

2. 反应器应清洁干净，转子的位置和速度都必须加以控制。

【思考题】

1. 影响诱导期、振荡周期和振荡反应寿命的因素有哪些？

2. 为什么在反应中，转子的位置及速度都必须加以控制？

3. 本实验记录的电势主要代表什么含义？与能斯特方程求得的电势有什么不同？

【扩展实验】

查阅文献设计更多的振荡体系实验，如：乳酸-丙酮-$KBrO_3$-$MnSO_4$-H_2SO_4 体系、$NaBr$-$NaBrO_3$-H_2SO_4 体系等。

2.4 表面与胶体化学

实验 28 活性炭比表面的测定

实验 28-1 溶液吸附法

【实验目的】

1. 了解溶液吸附法测定比表面的基本原理。

2. 测定活性炭的比表面。

【实验原理】

比表面积（简称比表面）是指单位质量（或单位体积）的物质所具有的表面积，其数值与分散粒子大小有关。比表面积是评价催化剂、吸附剂及其他多孔物质如石棉、矿棉、硅藻土及黏土类矿物工业利用的重要指标之一。测定固体比表面的方法有很多，常用的有 BET 法、电子显微镜法、色谱法和溶液吸附法等，其中溶液吸附法所用仪器简单，操作方便，故是较常用的方法之一。

在一定浓度范围内，活性炭对有机酸的吸附符合 Langmuir 吸附方程：

$$\Gamma=\Gamma_\infty\frac{Kc}{1+Kc} \tag{2-28-1}$$

式中，Γ 表示吸附量，通常指单位质量吸附剂吸附溶质的物质的量；Γ_∞ 表示饱和吸附量；c 表示吸附平衡时溶液的浓度；K 为常数。将式（2-28-1）整理得：

$$\frac{c}{\Gamma}=\frac{1}{\Gamma_\infty K}+\frac{1}{\Gamma_\infty}c \tag{2-28-2}$$

以 $\frac{c}{\Gamma}$ 对 c 作图，得一直线，由直线的斜率可以得到 Γ_∞。活性炭的比表面积为：

$$A_0=\Gamma_\infty\times6.023\times10^{23}\times24.3\times10^{-20} \tag{2-28-3}$$

式中，A_0 为比表面，$m^2\cdot kg^{-1}$；Γ_∞ 为饱和吸附量，$mol\cdot kg^{-1}$；6.023×10^{23} 为阿伏加德罗常数，mol^{-1}；24.3×10^{-20} 为乙酸分子的截面积，m^2。

式(2-28-2)中的吸附量 Γ 可按下式计算

$$\Gamma=\frac{c_0-c}{m}V \tag{2-28-4}$$

式中，c_0 为起始浓度，$mol\cdot L^{-1}$；c 为平衡浓度 $mol\cdot L^{-1}$；V 为溶液的总体积，L；m 为加入溶液中吸附剂的质量，kg。

【仪器与试剂】

带塞锥形瓶（250mL）5 个；三角瓶（150mL）5 个；碱式滴定管 1 支；漏斗 1 只；移液管（50mL，20mL，10mL，5mL 各 1 支）；电动振荡器 1 台。

活性炭；HAc（$0.4mol\cdot L^{-1}$）；NaOH（$0.100mol\cdot L^{-1}$）；酚酞指示剂。

【实验步骤】

1. 取 5 个洁净干燥的带塞锥形瓶，准确称量 1g 左右活性炭，分别加入各锥形瓶中，用滴定管分别按下列数量加入蒸馏水与乙酸。

瓶号	1	2	3	4	5
$V_{蒸馏水}$/mL	50.00	70.00	80.00	90.00	95.00
$V_{乙酸溶液}$/mL	50.00	30.00	20.00	10.00	5.00

2. 将各瓶溶液配好以后，用磨口瓶塞塞好，并在塞上加橡皮圈以防塞子脱落，摇动锥形瓶，使活性炭均匀悬浮于乙酸中，然后将瓶放在振荡器上，盖好固定板，振荡 30min。

3. 振荡结束后，用干燥的漏斗过滤，为了减少滤纸的吸附影响，将开始过滤的约 5mL 滤液弃去，其余溶液滤于干燥的锥形瓶中。

4. 从 1、2 号瓶中各取 15.00mL，从 3、4、5 号瓶中各取 30.00mL 的乙酸，用标准 NaOH 溶液滴定，以酚酞为指示剂，每瓶滴两份，求出吸附平衡后乙酸的浓度。

5. 用移液管取 5.00mL 原始 HAc 溶液并标定其准确浓度。

【数据处理】

1. 计算各瓶中乙酸的起始浓度 c_0，平衡浓度 c 及吸附量 $\Gamma(\mathrm{mol \cdot kg^{-1}})$。

2. 以吸附量 Γ 对平衡浓度 c 作曲线。

3. 作 $\frac{c}{\Gamma}$-c 图，并求出 Γ_{∞}。

4. 由 Γ_{∞} 计算活性炭的比表面 A_0。

【注意事项】

1. 一定浓度的溶液配制要准确。

2. 活性炭颗粒要均匀并干燥。

【思考题】

1. 比表面的测定与哪些因素有关，为什么？

2. 固体在稀溶液中对溶质分子的吸附与固体在气相中对气体分子的吸附有何共同点和不同点？

3. 溶液产生吸附时，如何判断其达到平衡？

4. 本实验中的吸附是物理吸附还是化学吸附？二者有何区别？

【扩展实验】

1. 查阅文献，设计其他方法测定活性炭的比表面。

提示：溶液吸附法的关键是通过实验检测吸附质在吸附前和吸附平衡后的浓度，对于不同体系，可以根据吸附质的性质选择不同方法进行测量。测定活性炭的比表面，还可用活性炭吸附次甲基蓝水溶液，通过分光光度法确定吸附前、吸附平衡后的次亚甲基蓝的浓度。

2. 硅胶是一种重要的吸附材料，具有三维空间网状结构。硅胶具有比表面积大、内部孔隙率高和吸水容量大的特征，其主要成分是无定形二氧化硅，还含有一定量结构水，分子式可以表示为：$m\mathrm{SiO_2} \cdot n\mathrm{H_2O}$。试设计实验，测定硅胶的比表面。

实验 28-2　低温氮吸附法

【实验目的】

1. 了解低温氮吸附法测定多孔材料的比表面的原理。

2. 掌握低温氮吸附法测定比表面的方法。

3. 掌握仪器的实际操作过程、软件的使用方法。

【实验原理】

比表面是指 1g 固体物质的总表面积，即物质晶格内部的内表面积和晶格外部的外表面积之和。低温吸附法测定固体比表面是依据气体在固体表面的吸附特性，被测样品（吸附剂）表面在超低温下对气体分子（吸附质）具有可逆物理吸附作用，并存在确定的平衡吸附量。平衡吸附量随压力变化而变化的曲线称为吸附等温线，对吸附等温线的研究与测定不仅可以获取有关吸附剂和吸附质性质的信息，还可以计算固体的比表面。

低温氮吸附法测定比表面依据的原理是 Brunauer、Emmett 和 Teller 提出的多层吸附理论。该理论认为吸附剂表面吸附了一层分子之后，由于被吸附气体本身的范氏引力，还可以继续发生多分子层吸附。第一层吸附与以后各层吸附有本质的不同，前者是气体分子与固体表面直接发生联系，而第二层以后各层是相同分子之间的相互作用。当吸附达到平衡后，气体的吸附量等于各层吸附量的总和。等温下，得到 BET 吸附公式：

$$\frac{p/p_s}{V(1-p/p_s)}=\frac{1}{V_mC}+\frac{C-1}{V_mC}\frac{p}{p_s} \tag{2-28-5}$$

式中，V 为平衡压力 p 时的吸附量，mL；V_m 为单分子层饱和吸附量，mL；p_s 为实验温度下气体的饱和蒸气压；C 是与吸附热有关的常数；p/p_s 称为吸附比压。

通过实验测定一定压力下的吸附量 V，以 $\frac{p/p_s}{V(1-p/p_s)}$ 对 $\frac{p}{p_s}$ 作图，得一直线。直线的斜率为 $\frac{C-1}{V_mC}$，截距为 $\frac{1}{V_mC}$。由此可以得到 $V_m=\frac{1}{截距+斜率}$，从 V_m 值可算出铺满单分子层时所需分子的个数。若已知每个分子的截面积 A_m，根据式（2-28-6）可计算出吸附剂的比表面 A_0。

$$A_0=\frac{A_mLV_m}{22400W} \tag{2-28-6}$$

式中，L 为阿伏加德罗常数；W 为吸附剂的质量。

依据 BET 吸附公式测定比表面，最常用的吸附质是氮气，氮气性质稳定、分子直径小、安全无毒且来源广泛。吸附温度在其液化点（−195℃）附近，低温可以避免化学吸附。比压控制在 0.05～0.35 之间，低于 0.05 时，达不到多层吸附的要求，不易建立吸附平衡；高于 0.35 时，会发生毛细凝聚现象。

用氮气作吸附质时，每个分子的截面积为 0.612nm^2，代入式（2-28-6）得比表面 A_0 的计算公式为

$$A_0=\frac{4.36V_m}{W} \tag{2-28-7}$$

【仪器与试剂】

ASAP2020 比表面积及孔隙分析仪 1 台（图 2-28-1）；鼓风干燥箱 1 台；分析天平（0.1mg）1 台。

高纯氦气（99.99%）；高纯氮气（99.99%）；液氮；活性炭；无水乙醇（A.R.）；纯净水。

【实验步骤】

1. 首先称取活性炭 0.2g 左右，精确称量样品管（含密封塞和位置垫）的质量，然后把样品加入样品管底部（球形部分），再次称量样品管，计算样品管中样品的质量。

2. 样品脱气处理

(1) 打开计算机，调用“ASAP2020”程序，在 File/Open/Sample information 中建立文件。

（2）设置分析方法：打开“Options”菜单，点击“Sample Defaults”命令，根据样品的性质及其分析项目设置参数，包括样品信息、样品管信息、脱气条件、分析条件、吸附质特性等，保存方法。

（3）将待测样品管安装到脱气站上，套上加热套，进行脱气处理：打开“Options”菜单，点击“Start Desgas”，选择样品，进行脱气至计算机显示脱气完成为止。

3. 样品分析。将脱气完成后的样品管从脱气站取下，重新称重，计算脱气后样品的实际质量。将样品管套上保温夹套，安放到分析站上，将样品的实际质量填入“Sample information”的“Mass”一栏中，单击保存，然后关闭文件。加一定量的液氮到分析站的杜瓦瓶中，点击“Options”菜单中的“Start Analysis”，进行样品分析。

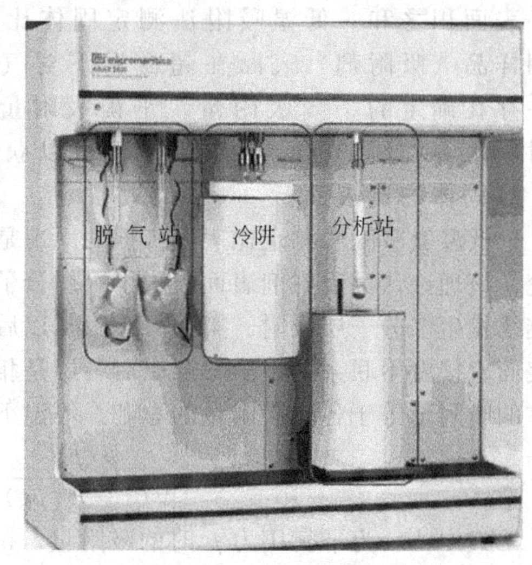

图 2-28-1 ASAP2020 比表面积及孔隙分析仪

实验结束后，关闭软件，关闭计算机。

【注意事项】

1. 装样时，密封圈的选择要合适，系统要保证良好的密封性。

2. 倒液氮要注意安全，一定要戴上防护手套和防护眼镜。

3. 脱气站温度高，要注意防止烫伤。

4. 仪器开启状态，脱气杜瓦瓶必须保证有足够的液氮。

【数据处理】

1. 从“Report”菜单中选择报告文件，文件直接给出测得的比表面数据。将该数据与上一方法得到的数据进行比较，对两种方法进行评述。

2. 观察吸附和脱附曲线的形状。

【思考题】

1. 为什么本实验的吸附过程要在液氮中进行？

2. 低温物理吸附测比表面的优点和缺陷是什么？

3. 氮气是本实验主要使用的气体，但不是唯一气体，其他气体如 CO_2 与氮气相比，优点和缺点是什么？

【扩展实验】

1. 设计实验，测定活性炭对不同气体的吸附性能，探讨新装修家居中用活性炭去除甲醛等气味是否合适。

2. 设计实验研究乙苯脱氢实验中催化剂的性能，探讨催化剂对乙苯脱氢的影响。

提示：催化剂为氧化铁类。测定催化剂的比表面和孔径来说明催化剂在反应中的作用。

实验29 溶液表面张力的测定

【实验目的】

1. 掌握最大气泡法测定溶液表面张力的原理和技术。

2. 了解表面张力的性质，表面能的意义以及表面张力和吸附的关系。

3. 测定不同浓度乙醇溶液的表面张力，计算表面吸附量、饱和吸附量和乙醇分子的截面积。

【实验原理】

处于液体表面的分子由于受到液体内部分子与表面层分子的不平衡力的作用，具有表面张力。垂直作用于表面单位边界上的力称为表面张力，其单位为 $N\cdot m^{-1}$。表面张力是多相系统的重要界面性质，它表征了液体表面自动缩小趋势的大小，对于泡沫分离、蒸馏、萃取、乳化、吸附、润湿等过程存在重要影响。

液体表面张力的测定方法有很多，主要有毛细管上升法、Wilhelmy 盘法、悬滴法、滴体积法、最大气泡法等。本实验采用最大气泡法测定乙醇溶液的表面张力。仪器装置如图2-29-1所示。

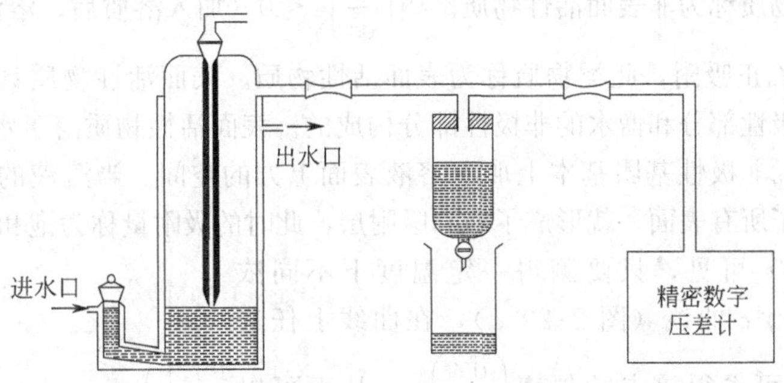

图 2-29-1 最大气泡法测定界面张力装置示意图

将待测液体装于表面张力管中，使毛细管的端口与液体表面相齐，即刚接触液面，液面沿毛细管上升，打开滴液漏斗的玻璃活塞，滴液达到缓缓减压的目的，此时毛细管内液面上受到一个比表面张力管内液面上大的压力，当此压力差稍大于毛细管端产生的气泡内的附加压力时，气泡就冲出毛细管。此压力差 Δp 和气泡内的附加压力 p_s 始终维持平衡。压力差 Δp 可由数字压差计读出。

$$\Delta p = p_s = \frac{2\gamma}{R'} \quad (2\text{-}29\text{-}1)$$

式中，R' 为气泡的曲率半径；γ 为溶液的表面张力。

当气泡曲率半径 R' 等于毛细管半径 R 时，此时曲率半径最小，产生的附加压力最大，压力差达到最大值 Δp_{max}。

$$\Delta p_{max} = \frac{2\gamma}{R} \quad (2\text{-}29\text{-}2)$$

由此可见，通过测定 R 和 Δp_{max}，即可求得液体的表面张力。

由于毛细管的半径较小，直接测量 R 值误差较大。通常用一已知表面张力 γ_0 的液体（如水、甘油等）作为参考液体，在相同的实验条件下，测得相应最大压力差为 $\Delta p_{0,max}$，

求出毛细管的半径为

$$R=\frac{2\gamma_0}{\Delta p_{0,\max}} \tag{2-29-3}$$

将式（2-29-3）代入式（2-29-2）可得被测液体的表面张力

$$\gamma=\frac{\Delta p_{\max}}{\Delta p_{0,\max}}\gamma_0 \tag{2-29-4}$$

根据表面张力的数据，可以进一步计算溶液的表面吸附量、饱和吸附量和溶质分子的截面积。对于溶液，由于溶质能使溶剂表面张力发生变化，因此可以通过调节溶质在表面层的浓度来减小表面自由能。在单位面积的表面层中，所含溶质的物质的量与溶液本体中所含溶质的物质的量的差值，称为表面吸附量，用Γ表示，其单位为$mol \cdot m^{-2}$。稀溶液中表面吸附量与溶液的表面张力γ及溶液的浓度c有关，它们之间的关系遵守吉布斯吸附方程：

$$\Gamma=-\frac{c}{RT}\left(\frac{d\gamma}{dc}\right)_T \tag{2-29-5}$$

式中，R为气体常数。当$\left(\frac{d\gamma}{dc}\right)_T>0$（加入溶质后，溶液的表面张力增大）时，$\Gamma<0$，称为表面负吸附，此类物质称为非表面活性物质。当$\left(\frac{d\gamma}{dc}\right)_T<0$（加入溶质后，溶液的表面张力减小）时，$\Gamma>0$，称为表面正吸附，此类物质称为表面活性物质。表面活性物质具有显著的不对称结构，它是由亲水的极性部分和憎水的非极性部分构成的。表面活性物质溶于水时，分子的极性基团取向溶液内部，而非极性基团基本上取向溶液表面上方的空间。当溶液的浓度增至一定程度时，溶质分子占据了所有表面，就形成了饱和吸附层，此时的吸附量称为饱和吸附量（Γ_∞）。

由式（2-29-5）可见，只要测得一定温度下不同浓度的表面张力，作γ-c曲线（图 2-29-2），在曲线上任选一点i作切线，即可求得该点的斜率$\left(\frac{d\gamma}{dc_i}\right)_T$，从而可以求出不同浓度下的表面吸附量。

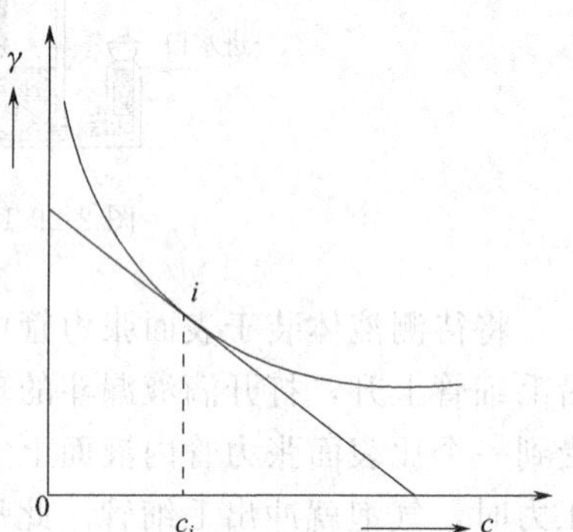

图 2-29-2　表面张力与浓度的关系

表面吸附量Γ与溶液浓度c之间的关系，可用朗格缪尔吸附等温式表示

$$\Gamma=\Gamma_\infty\frac{Kc}{1+Kc} \tag{2-29-6}$$

式中，K是常数。

将式（2-29-6）取倒数，乘以c，可得：

$$\frac{c}{\Gamma}=\frac{c}{\Gamma_\infty}+\frac{1}{K\Gamma_\infty} \tag{2-29-7}$$

作$\frac{c}{\Gamma}$-c图，得一直线，直线斜率的倒数即为Γ_∞。

如果以N代表$1m^2$表面上的饱和吸附分子数，则有：

$$N=\Gamma_\infty N_A \tag{2-29-8}$$

式中，N_A为阿伏加德罗常数。

由此可得每个溶质分子在表面上所占据的截面积为

$$S_0=\frac{1}{\Gamma_\infty N_A} \tag{2-29-9}$$

【仪器与试剂】

表面张力测定实验装置 1 套；精密数字压差计 1 台；容量瓶（250mL 1 个，50mL 7 个）；移液管（25mL 1 支，1mL 1 支）。

乙醇（A. R.）；蒸馏水。

【实验步骤】

1. 配制溶液

先按乙醇的摩尔质量和室温下的密度计算出配制 250mL 1.00mol•L^{-1} 的乙醇溶液所需乙醇的体积。在 250mL 容量瓶中装好约 2/3 的蒸馏水，然后移取所需乙醇体积放入容量瓶中，加水稀释至刻度并摇匀，再用此浓溶液配制浓度为 0.20mol•L^{-1}、0.30mol•L^{-1}、0.40mol•L^{-1}、0.50mol•L^{-1}、0.60mol•L^{-1}、0.70mol•L^{-1}、0.80mol•L^{-1} 的稀溶液各 50mL。

2. 清洗仪器

本实验的关键在于毛细管尖端的洁净，使毛细管有很好的润湿性。因此首先应洗净毛细管，通常先用温热的洗液洗，再分别用自来水及二次水冲洗 2～3 次。

3. 测定蒸馏水的最大压差

按图 2-29-1 接好测量系统，在表面张力管中注入蒸馏水，使管内液面刚好与毛细管端口相接触，毛细管须保持垂直。精密数字压差计采零，为检查仪器是否漏气，打开滴液漏斗的旋塞，滴水减压，在压差计上有一定压力显示，关闭旋塞，停 1min 左右，若压差计显示的压力值不变，说明系统密封良好。再打开滴液漏斗的旋塞继续滴水减压，空气泡便从毛细管的下端逸出，注意气泡形成的速率应保持稳定，通常控制每 5～10s 出 1 个气泡。可以观察到当空气泡刚破坏时，数字压差计显示的压力绝对值最大，读取压力值 3 次，取平均值。

4. 测定乙醇溶液的表面张力

按步骤 3 分别测定不同浓度的乙醇溶液，由稀至浓依次测定。每次更换溶液时，都必须用少量被测液洗涤表面张力管以及毛细管，并确保毛细管内外溶液的浓度一致，注意保护毛细管端口，不要碰损。

5. 整理

实验结束后，用蒸馏水洗净仪器。

【数据处理】

1. 列表记录实验数据，并记录室温。

2. 从附录中查出实验温度下水的表面张力，由式（2-29-4）求出各浓度乙醇溶液的表面张力 γ（N•m^{-1}）。

3. 作 γ-c 曲线，并在曲线上取 6～7 个点（浓度在 0.45mol•L^{-1} 以下），作切线求出斜率$\left(\frac{\mathrm{d}\gamma}{\mathrm{d}c_i}\right)_T$。

4. 由式（2-29-5）计算不同浓度乙醇溶液的 Γ 值，并计算出$\frac{c}{\Gamma}$值。

5. 作$\frac{c}{\Gamma}$-c 图，由直线斜率求出 Γ_∞（以 mol•m^{-2} 表示），计算出乙醇分子的截面积 S_0 值（以 nm^2 表示）。

【注意事项】

1. 乙醇溶液要准确配制，使用过程中防止挥发损失。

2. 毛细管和表面张力管一定要清洗干净，以玻璃不挂水珠为好，否则气泡不能连续稳定地逸出，使压差计的读值不稳，且影响溶液的表面张力。

3. 毛细管端口应平整，且毛细管一定要刚好垂直，并与液面相接，不能离开液面，但亦不可深插。

4. 从毛细管口脱出的气泡每次应为一个，即间断脱出。

5. 记录数字压差计上的数据应记录气泡稳定脱出时的数值。

6. 读取压差时，应取气泡单个逸出时的最大值。

【思考题】

1. 实验时，为什么毛细管口应处于刚好接触溶液表面的位置？如插入一定深度将对实验带来什么影响？

2. 在毛细管口形成的气泡，什么时候半径最大？

3. 为什么要求从毛细管中逸出的气泡必须均匀而间断？如何控制出泡速度？

【扩展实验】

1. 设计实验，测定不同品牌洗衣粉以及洗衣液的表面张力，对比产品的性能。

2. 查阅资料了解其他测定表面张力的方法，如毛细管上升法、滴体积法等，并用这些方法设计实验，对不同方法的实验结果进行比较。

实验 30　固液表面接触角的测定

【实验目的】

1. 了解固体表面的润湿过程与接触角的含义与应用。
2. 了解接触角的常用测量方法，掌握该实验中用到的量高法的原理。
3. 用显微镜测定石蜡与石墨的接触角。

【实验原理】

接触角是表征液体在固体表面润湿性的重要参数之一，由它可以了解液体在一定固体表面的润湿程度。接触角测定在防腐、减阻、矿物浮选、注水采油、洗涤、印染、焊接等方面有广泛的应用。

将液体滴在固体表面上，当系统达平衡时，在气、液和固三相交界处，气-液界面与固-液界面之间的夹角，称为接触角，用 θ 表示。如图 2-30-1 所示，$\gamma_{s,g}$、$\gamma_{s,l}$ 和 $\gamma_{l,g}$ 分别表示固-气、固-液和液-气界面间的界面张力。

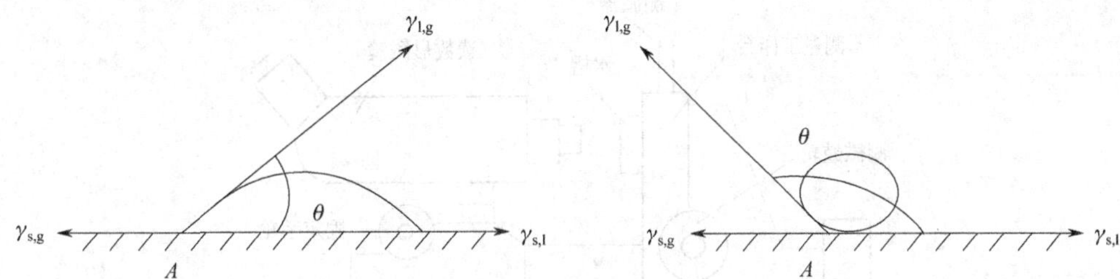

图 2-30-1　润湿作用与接触角

在气-液-固三相平衡时，这三个界面张力之间存在下列关系：

$$\gamma_{s,g}=\gamma_{s,l}+\gamma_{l,g}\cos\theta \tag{2-30-1}$$

即：

$$\cos\theta=\frac{\gamma_{s,g}-\gamma_{s,l}}{\gamma_{l,g}} \tag{2-30-2}$$

从上式可以看出，接触角的大小是由气、液、固三相交界处，三种界面张力的相对大小所决定的。如果 $\gamma_{s,g}>\gamma_{s,l}$，则 $\cos\theta$ 为正值，$\theta<90°$，则液体能润湿固体。反之，若 $\gamma_{s,g}<\gamma_{s,l}$，则 $\theta>90°$，液体则不能润湿固体。当 $\theta=0°$ 时，液体能完全润湿固体表面。

决定和影响接触角的因素有很多。如：固体和液体的性质、固体表面的不均匀性及粗糙程度、表面污染等。根据直接测定的物理量，接触角的测定方法分为四大类：角度测量法、长度测量法、力测量法和透射测量法。其中，液滴角度测量法是最常用的，也是最直截了当的一类方法。

本实验测定接触角的方法如下：如图 2-30-2 所示，将所要研究的固体试样置于玻璃容器内的液体中，然后用下端弯曲的玻璃滴管（或注射器）在试样下面挤出一个气泡，使其黏附在试样下表面。再用测量显微镜测出气泡的高度以及气泡与试样接触的长度，如图 2-30-3 所示。按照式（2-30-3）和式（2-30-4）可以计算出接触角的大小。

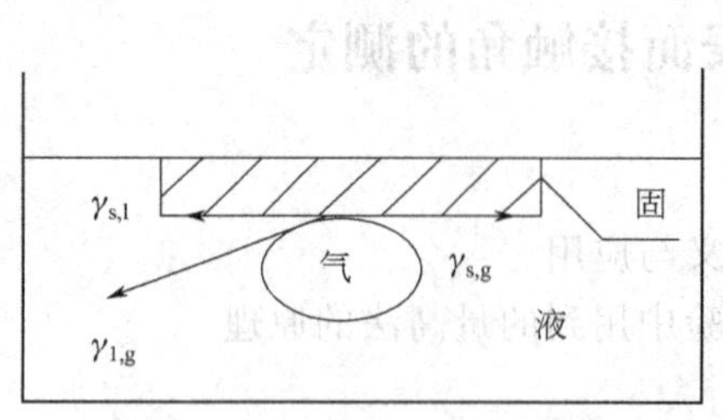

图 2-30-2　接触角测定示意图

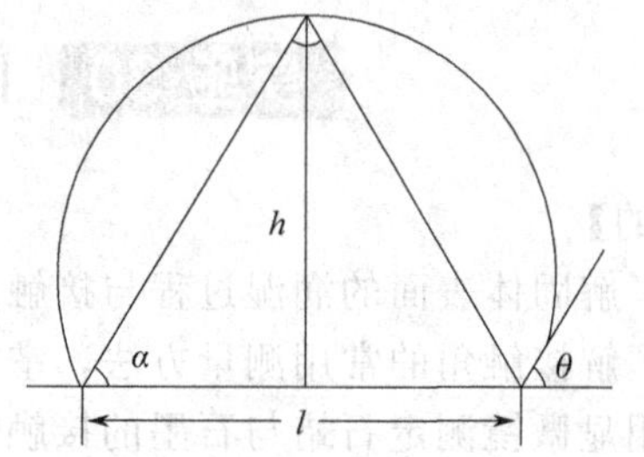

图 2-30-3　测量显微镜测接触角示意图

$$\tan\alpha = \frac{2h}{l} \tag{2-30-3}$$

$$\theta = 180 - 2\alpha \tag{2-30-4}$$

式中，h 为气泡的高度；l 为接触面的长度。

本实验测定水-空气-石墨和水-空气-石蜡的接触角。实验装置如图 2-30-4 所示。

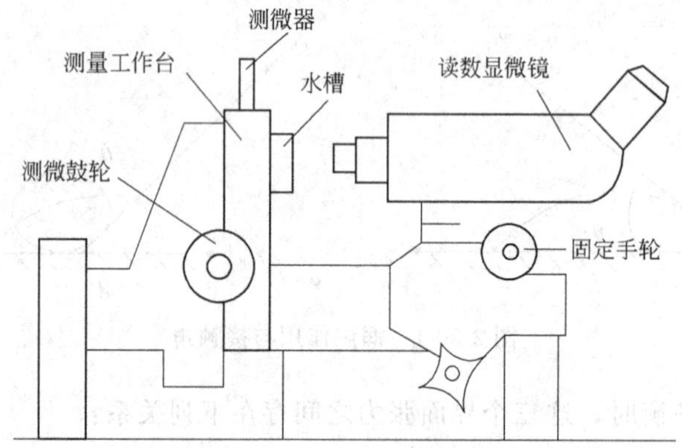

图 2-30-4　接触角测定装置示意图

【仪器与试剂】

测量显微镜 1 台；水槽 1 个；注射器 1 个；金相砂纸。

石蜡；石墨。

【实验步骤】

1. 接通测量显微镜（使用方法见附录 1 仪器 13）电源，打开照明光源。

2. 使光线照亮显微镜的圆形玻璃窗，用固定手轮调节其高低。

3. 用去污粉洗涤玻璃水槽，清除壁上的污物，再用自来水和蒸馏水清洗干净，然后将玻璃水槽放回原处，装满蒸馏水，注意保持水平。

4. 用金相砂纸打磨石蜡试样，使其表面平滑干净，然后用蒸馏水冲洗，放置于水槽内。

5. 用注射器注入一小气泡，使其附着于石蜡试样表面的下边，并使光线照到石蜡表面的气泡上，再射入测量显微镜内，调正镜筒的位置，使气泡影像清晰。

6. 用测量显微镜确定气泡影像的两个三相点间距离 l 和高度 h 值。重复测定三次，取平均值。

7. 测定结束后，用蒸馏水洗净石蜡试样，放回原处。

8. 用石墨试样取代石蜡，并重复步骤 4～7。

【注意事项】

1. 玻璃水浴及注射器一定要清洁干净。

2. 试样放入水槽后，其下表面应尽可能保持水平。

【数据处理】

1. 列表记录实验数据。

2. 根据所测 h 及 l 的实验值及式（2-30-3）和式（2-30-4）分别计算石蜡和石墨的接触角 θ。

【思考题】

1. 影响接触角的因素有哪些？

2. 为何接触角测定值重现性不理想？

3. 气泡的大小对测定结果有何影响？

【扩展实验】

1. 设计实验，测定纯水和表面活性剂（如十二烷基苯磺酸钠）溶液在涤纶片表面的接触角，探讨表面活性剂对润湿作用的影响。

2. 表面能是计算高分子材料表面与其他物质间相互作用的重要参数，与黏合、吸附、摩擦及生物相容性等性质密切相关，表面能的检测对确定高分子材料的表面性质具有重要意义。通过接触角的测定可以计算高分子材料的表面能参数。试设计实验，测定聚丙烯（PP）、聚乙烯（PE）在水中的接触角，并计算表面能参数。

实验 31　表面活性剂 CMC 值的测定

【实验目的】

1. 了解表面活性剂的特性及胶束的形成原理。

2. 用电导法测定十二烷基硫酸钠的临界胶束浓度。

3. 掌握电导率仪和恒温槽的使用方法。

【实验原理】

表面活性剂是由具有亲水性的极性基团和具有憎水性的非极性基团（又称亲油基团）组成的有机化合物，它的亲油基团一般是 8～18 个碳的直链烃（也可能是环烃），因而表面活性剂都是两亲分子。表面活性剂的润湿、乳化、去污、增溶、起泡作用等基本原理广泛应用于石油、煤炭、化工、冶金、材料、农业生产等各领域。

表面活性剂进入水中，在浓度较小时采取极性基团向着水、非极性基团逃离水而呈定向排列的单分子膜吸附在水表面，降低其表面自由能和表面张力。当浓度增大，表面吸附达到饱和后，浓度再增大时，表面活性剂分子无法在水表面上进一步吸附，这时为了降低体系的能量，活性剂分子会相互结合成很大的集团，形成胶束。表面活性剂在水中形成胶束所需的最小浓度称为临界胶束浓度（Critical Micelle Concentration，简写为 CMC）。不同浓度下表面活性剂的存在状态见图 2-31-1。

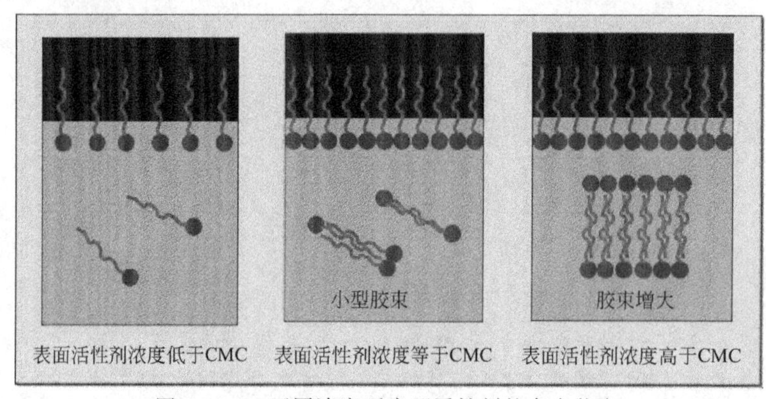

图 2-31-1　不同浓度下表面活性剂的存在状态

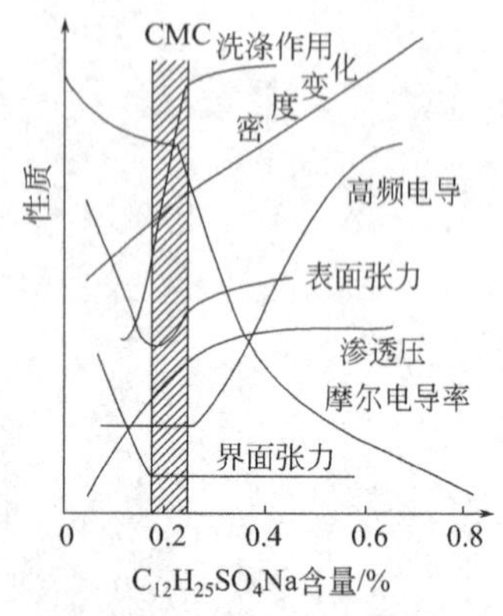

图 2-31-2　十二烷基磺酸钠溶液的一些物理化学性质随溶液浓度的变化

CMC 可看作是表面活性物质对溶液的一种量度。因为 CMC 越小，则表示此种表面活性剂形成胶束所需的浓度越小，达到表面饱和吸附的浓度越小。也就是说，只需很少的表面活性剂就可起到润湿、乳化、加溶、起泡等作用。在 CMC 点上，溶液的结构改变导致其物理及化学性质（如表面张力、电导、渗透压、浊度、光学性质等）与浓度的关系曲线出现明显的转折（图 2-31-2），这个现象是测定 CMC 的实验依据。

测定表面活性剂 CMC 的方法有很多，常用的有表面张力法、电导法、染料法、增溶作用法、光散射法等。这些方法，原理上都是从溶液的物理化学性质随浓度变化关系出发求得的。其中表面张力法和电导法比较简便准确。电导法是经典方法，简便可靠，只限于离子性表面活性剂，此法对于有较高活性的表面活性剂准确性高，但过量无机盐的存在会降低测定灵敏度，因此配制溶液应该用电导水。

本实验利用电导率仪测定不同浓度的十二烷基硫酸钠溶液的电导率 κ 值，并作电导率与浓度 c 的关系图，从图中的转折点求得临界胶束浓度。

【仪器与试剂】

电导率仪（附带电导电极）1 台；恒温水浴 1 套；容量瓶（25mL）11 个，移液管（0.5mL，1.0mL，2.0mL，5.0mL 各 1 支）。

十二烷基硫酸钠溶液（$0.10mol \cdot L^{-1}$）。

【实验步骤】

1. 调节恒温水浴温度至（40±0.1）℃，打开电导率仪（使用方法见附录 1 仪器 9）开关，预热。

2. 分别移取 0.25mL、0.50mL、1.00mL、1.50mL、2.00mL、2.50mL、3.00mL、3.50mL、4.00mL、4.50mL、5.00mL 的 $0.10mol \cdot L^{-1}$ 十二烷基硫酸钠，定容到 25.00mL。

3. 用电导率仪从稀到浓分别测定上述各溶液的电导率。用后一种溶液荡洗前一种溶液的电导池 3 次以上，各溶液测定时必须恒温 10min，每种溶液的电导率读数 3 次，取平均值。

【数据处理】

1. 列表记录实验温度下不同浓度的十二烷基硫酸钠溶液的电导率值。

2. 作 κ - c 图，由曲线转折点确定临界胶束浓度 CMC 值。

3. 将实验结果与附表 30 中的数据比较，计算实验误差，并分析误差原因。

【注意事项】

1. 电极在不使用时应浸泡在蒸馏水中，用时用滤纸轻轻吸干水分，不可用纸擦拭电极上的铂黑（以免影响电导池常数）。

2. 注意电导率仪应由低到高的浓度顺序测量样品的电导率。

3. 电极在冲洗后必须擦干或用待测液润洗，电极在使用过程中电极片必须完全浸入所测溶液中。

【思考题】

1. 什么是 CMC？表面活性剂溶液的哪些性质与 CMC 有关？

2. 非离子型表面活性剂能否用本实验方法测定临界胶束浓度？为什么？可用哪种方法测定？

3. 无机盐对电导率法测定表面活性剂的 CMC 有什么影响？

【扩展实验】

1. 改变恒温槽的温度可以得到不同温度下表面活性剂的 CMC，试通过实验总结温度对十二烷基硫酸钠溶液 CMC 的影响。

2. 设计用表面张力法测定十二烷基硫酸钠溶液的 CMC，并与电导法测定结果进行比较。

实验 32 $Fe(OH)_3$溶胶的制备及电泳

【实验目的】

1. 掌握溶胶制备的基本原理及方法。

2. 学会制备及纯化 $Fe(OH)_3$溶胶。

3. 观察胶体的电泳现象，测定 $Fe(OH)_3$溶胶的电泳速率，计算 ζ 电势。

【实验原理】

胶体是大小在 1～100nm 之间的质点（称为分散相）分散在介质（称为分散介质）中形成的体系。胶体具有动力稳定性，不会因重力作用及粒子与粒子的碰撞而很快沉降。

溶胶的制备方法可分为分散法和凝聚法。分散法是用适当方法把较大的物质颗粒变为胶体大小的质点；凝聚法是先制成难溶物的分子（或离子）的过饱和溶液，再使之相互结合成胶体粒子而得到溶胶。本实验利用水解法制备 $Fe(OH)_3$溶胶，其反应为

$$FeCl_3 + 3H_2O \xrightarrow{\text{沸腾}} \underset{\text{(红棕色溶胶)}}{Fe(OH)_3} + 3HCl$$

聚集在溶液表面上的 $Fe(OH)_3$分子再与 HCl 反应：

$$Fe(OH)_3 + HCl \longrightarrow FeOCl + 2H_2O$$

而 FeOCl 离解成 FeO^+ 和 Cl^-。胶体的结构大致为

$$[(Fe(OH)_3)_m \cdot nFeO^+ \cdot (n-x)Cl^-]^{x+} \cdot xCl^-$$

制成的胶体常因其他杂质的存在而影响其稳定性，因此必须进行纯化。常用的纯化方法是半透膜渗析法。渗析时，用半透膜隔开胶体和纯溶剂。由于胶粒不能透过半透膜，而胶体中的杂质如电解质及小分子能透过半透膜，通过不断更换溶剂，则可把胶体中的杂质除去。要提高渗析速度，可用热渗析或电渗析的方法。本实验采用热渗析法。

在胶体分散体系中，由于胶粒表面电离或选择性地吸附某些离子，胶粒表面都带有一定量的电荷，胶粒周围的介质与胶粒表面所带电荷符号相反、数量相等，整个溶胶系统是电中性的。由于静电引力和热扩散运动的结果，胶粒周围的反离子形成了两部分：紧密层和扩散层。紧密层有一两个分子层厚，紧密吸附在胶核表面上，而扩散层的厚度则随外界条件的变化而变化。当胶粒运动时，紧密层和胶核作为一个整体移动，而扩散层中的反离子则向相反的电极方向移动。发生相对移动的界面称为滑移面。从滑移面到溶液本体间的电势差，称为 ζ 电势（或电动电势）。ζ 电势的大小与胶粒的大小、浓度、介质的性质、pH 值及温度等因素有关。ζ 电势越大，胶体越稳定，因此 ζ 电势大小是衡量胶体稳定性的重要参数，在研究胶体的性质及实际应用中起着重要的作用。

原则上，任何一种胶体的电动现象（如电渗、电泳、流动电势和沉降电势）都可用来测定 ζ 电势，但最方便的则是用电泳现象来进行测定。在外加电场的作用下，胶粒作定向移动的现象称为电泳。利用电泳测定 ζ 电势有宏观法和微观法两种。宏观法是观测胶体与另一不含胶粒的无色导电溶液（辅助液）的界面在电场作用下的移动速度；微观法则是借助于显微镜观察单个胶体粒子在电场中的定向移动速度。对于高度分散的溶胶，如 $Fe(OH)_3$溶胶，不易观察个别粒子的运动，只能用宏观法。对于颜色太浅或浓度过稀的溶胶，则适宜用微观法。

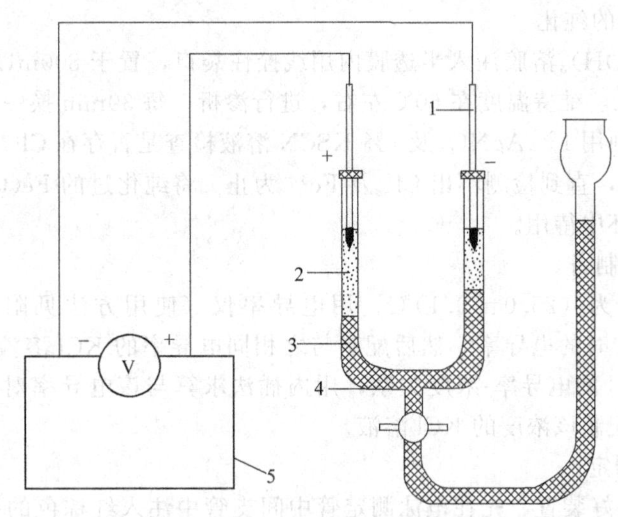

图 2-32-1 电泳仪装置示意图

1—Pt 电极；2—KCl 溶液；3—溶胶；4—电泳管；5—可调直流稳压电源

本实验采用宏观电泳法测定 $Fe(OH)_3$溶胶的 ζ 电势，装置如图 2-32-1 所示。通过观察时间 t 内电泳仪中溶胶与辅助液的界面在电场作用下移动的距离 d，按式（2-32-1）求 ζ 电势。

$$\zeta=\frac{K\pi\eta u}{\varepsilon E}=\frac{K\pi\eta}{\varepsilon E}\times\frac{d}{t} \tag{2-32-1}$$

式中，K 为与胶粒性质有关的常数（对于球形粒子，$K=5.4\times10^{10}\,V^2\cdot s^2\cdot kg^{-1}\cdot m^{-1}$；对于棒形粒子，$K=3.6\times10^{10}\,V^2\cdot s^2\cdot kg^{-1}\cdot m^{-1}$，本实验胶粒为棒形）；$\eta$ 为分散介质的黏度，$kg\cdot s^{-1}\cdot m^{-1}$；$\varepsilon$ 为介质的介电常数，不同温度下水的黏度及介电常数值见附表 16；E 为电势梯度，$V\cdot m^{-1}$，$E=V/l$；V 为外加电压，V；l 为两极间的距离，m。

【仪器与试剂】

超级恒温槽 1 台；电泳管 1 支；直流稳压电源 1 台；电导率仪 1 台；直流电压表 1 台；铂电极 2 支；秒表 1 个；漏斗 1 个；烧杯（250mL 1 个，100mL 3 个，800mL 1 个）；锥形瓶（250mL 1 个，100mL 3 个）；量筒（100mL）1 个。

$FeCl_3$(10%）溶液；稀 KCl 溶液；$AgNO_3$(1%）溶液；KSCN(1%）溶液；火棉胶。

【实验步骤】

1. 半透膜的制备

在一个内壁洁净、干燥的 250mL 锥形瓶中，加入约 30mL 火棉胶，小心转动锥形瓶，使火棉胶溶液黏附在锥形瓶内壁上形成均匀薄层，倾出多余的火棉胶液于回收瓶中。此时锥形瓶仍需倒置，并不断旋转，待剩余的火棉胶流尽，使瓶中的乙醚蒸发至已闻不出气味为止（此时用手轻触火棉胶膜，已不黏手）。然后再往瓶中注满水，浸泡 10min。倒出瓶中的水，小心用手分开膜与瓶壁间的间隙。慢慢注水于夹层中，使膜脱离瓶壁，轻轻取出。在膜袋中注入水，观察是否有漏洞，如有小漏洞，可将此漏洞周围擦干，用玻璃棒蘸火棉胶液补之。制好的半透膜不用时，要浸泡在蒸馏水中。

2. $Fe(OH)_3$溶胶的制备

在 250mL 烧杯中，加入 100mL 蒸馏水，加热至沸腾，慢慢滴入 5mL 10% $FeCl_3$溶液，并不断搅拌，加完后继续保持沸腾 5min，即可得到红棕色 $Fe(OH)_3$ 溶胶。在胶体系统中存在过量的 H^+ 、Cl^- 等离子需要除去。

3. $Fe(OH)_3$溶胶的纯化

将制备好的 $Fe(OH)_3$溶胶注入半透膜内用线拴住袋口，置于 800mL 的清洁烧杯中，杯中加蒸馏水约 300mL，维持温度在 60℃左右，进行渗析。每 30min 换一次蒸馏水，2h 后取出 1mL 渗析水，分别用1% $AgNO_3$及1% KSCN 溶液检查是否存在 Cl^- 及 Fe^{3+}，如果仍存在，应继续换水渗析，直到检测不出 Cl^- 及 Fe^{3+} 为止。将纯化过的 $Fe(OH)_3$溶胶移入一清洁干燥的 100mL 烧杯中待用。

4. KCl 辅助液的制备

调节恒温槽温度为（25.0±0.1)℃，用电导率仪（使用方法见附录 1 仪器 9）测定 $Fe(OH)_3$溶胶在 25℃时的电导率，然后配制与之相同电导率的 KCl 溶液。方法：根据附表 20 给出的 25℃时 KCl 的电导率-浓度关系，用内插法求算与该电导率对应的 KCl 浓度，并在 100mL 容量瓶中配制该浓度的 KCl 溶液。

5. 溶胶电泳的测定

按图 2-32-1 连接好装置。先在电泳测定管中间支管中注入红棕色的 $Fe(OH)_3$溶胶，然后在 U 形管中装入 KCl 辅助液，开启活塞，使 $Fe(OH)_3$溶胶缓缓进入 U 形管中，并与辅助液之间形成明显的界面；将铂电极分别插入 U 形管内溶液下约 1cm 处，准确记录此时界面的刻度，然后接通电泳仪直流稳压电源，使电压保持在 45V，1h 后断开电源，记下准确的通电时间 t 和溶胶界面上升的距离 d，并准确量取两极间的距离 l。

【数据处理】

1. 设计表格记录实验数据。

2. 根据实验结果，按式（2-32-1）计算 ζ 电势。

3. 将计算得到的 ζ 电势与文献值（附表 29）比较，分析误差产生的原因。

【注意事项】

1. 制备 $Fe(OH)_3$溶胶时，一定要缓慢向沸水中逐渐滴加 $FeCl_3$溶液，并不断搅拌，得到的胶体颗粒太大，稳定性就差。

2. 在制备半透膜时，加水的时间应适当，加水过早，胶膜中的溶剂还未完全挥发掉，胶膜呈乳白色，强度差不能用，如加水过迟，则胶膜变干、脆，不易去除且易破。

3. 渗析时应控制水温，经常搅动渗析液，勤换渗析液，这样制备得到的胶粒大小均匀，所得的 ζ 电势准确，重复性好。

4. 量取两电极间的距离时，要沿电泳管的中心线量取，电极间距离的测量需尽量精确。

【思考题】

1. 电泳速度的快慢与哪些因素有关？

2. 胶粒带电的原因是什么？如何判断胶粒所带电荷的符号？$Fe(OH)_3$胶粒带哪种电荷？

3. 实验中为什么要求辅助液与待测溶胶的电导率相同？

【扩展实验】

1. 电泳技术是发展较快、技术较新的实验手段，它不仅用于理论研究，还有广泛的实际应用，如电泳镀漆、陶瓷工业的黏土精选、生物化学及临床医学上的蛋白质和病毒的分离等，设计其中两个电泳实验。

2. 设计实验制备 Sb_2S_3溶胶和 Al_2O_3溶胶，并分别测其 ζ 电势。

实验33 乳状液的制备和性质

【实验目的】

1. 了解乳状液的制备原理。

2. 掌握乳状液的制备和鉴别方法。

3. 掌握乳状液的破乳方法。

【实验原理】

乳状液是由两种互不相溶的液体混合形成的分散体系，其中的一种液体以0.1～100μm的微小液滴分散于另一种液体中，前者称为分散相（不连续相，也称内相），后者称为分散介质（连续相，也称外相）。乳状液在工业、农业、医药和日常生活中都有极广泛的应用，可用普通显微镜进行观察。

乳状液有两种类型：以水为分散相，油为分散介质的乳状液，称为油包水型，用W/O表示；以油为分散相，水为分散介质的乳状液，称为水包油型，用O/W表示。

乳状液是热力学不稳定的多相分散系统，其分散相液滴会自发聚结成大液滴，以至最终分层成为两相。例如，油和水是互不相溶的，把它们放在一起，用力摇动，会出现乳化现象，但这样形成的乳状液并不稳定，停止摇动就会很快分成明显的两层。要使乳状液稳定，必须加入能降低油水界面张力并能在油水界面形成具有一定强度的保护膜的第三种物质，这种物质称为乳化剂。形成什么类型的乳状液，取决于乳化剂的种类。如同样的油水组成，用脂肪酸钠皂作乳化剂得到O/W型乳状液，用钙皂则得到W/O型乳状液。乳化剂有表面活性剂、高分子物质和固体粉末等几种类型，其中常用的是各种表面活性剂。

判断乳状液的类型，可采用以下几种方法：

1. 稀释法

用水稀释乳状液，如果分散介质与水互溶且不出现分层现象，则是O/W型乳状液。反之，若分散介质与水不互溶而出现分层现象，则是W/O型乳状液。

用油稀释乳状液，如果分散介质与油互溶且不出现分层现象，则是W/O型乳状液。反之，若分散介质与油不互溶而出现分层现象，则是O/W型乳状液。

2. 染色法

用油溶性的染料如苏丹红Ⅲ加到乳状液中去，若是分散相着色，就是O/W型，若是分散介质着色，就是W/O型。可以用肉眼或显微镜观察。

用高锰酸钾或甲基橙等水溶性色素加至乳状液中去，若是分散相着色，就是W/O型，若是分散介质着色，就是O/W型。

3. 电导法

O/W型乳状液能导电，W/O型乳状液不能导电。故可通过测定乳状液的电导判断其类型。

有时希望破坏乳状液，使两相分离，这个过程就是破乳，如原油脱水、污水除油、从奶制品提取奶油等。破乳的方法有物理法和化学法，物理法，如离心分离制奶油、原油的静电破乳、用超声波破乳等；化学法即加入破乳剂，破坏乳化剂的吸附膜。例如，用皂作乳化剂，则在乳状液中加入酸，皂就变成脂肪酸而析出，乳状液就分层而被破坏。最常使用的化学破乳方法是加入能强烈吸附于油-水界面的表面活性剂，用以代替乳化剂产生的膜，形成一种新膜，膜的强度显著减小，而导致破乳。

【仪器与试剂】

磁力搅拌器1台；电导率仪1台；显微镜1台；磨口锥形瓶（100mL）7个；大试管6支；烧杯（100mL）3个；滴定管（25mL）1支；量筒（500mL）1个；载玻片。

油酸钠溶液（1%）；十二烷基硫酸钠溶液（1%）；明胶溶液（1%）；Tween-20溶液（1%）；苏丹Ⅲ苯溶液（1%）；Span-80煤油溶液（1%）；0.5%羊毛脂煤油溶液（0.5%）；椰子油；煤油；石油醚；油酸（A.R.）；三乙醇胺（A.R.）；液体石蜡；蜂蜡；甲苯（A.R.）；正丁醇（A.R.）；硼砂（A.R.）；浓盐酸；NaOH溶液（$0.1mol \cdot L^{-1}$）。

【实验步骤】

1. 乳状液的制备

（1）剂在水中法。取1%油酸钠溶液40mL于磨口锥形瓶中，逐滴加入甲苯，猛烈摇荡。每加2mL甲苯摇约30s，直到加入甲苯的总量为8mL为止。观察每次加入甲苯和振荡后的情况，盖紧瓶塞，得到乳状液Ⅰ。

取1%十二烷基硫酸钠溶液25mL于磨口锥形瓶中，按上述方法加入5mL甲苯，观察现象，盖紧瓶塞，得到乳状液Ⅱ。

（2）剂在油中法。取1% Span-80煤油溶液25mL于磨口锥形瓶中，逐渐加水，猛烈摇荡。每次加水1mL，直到加入水的总量为5mL为止，观察现象，盖紧瓶塞，得到乳状液Ⅲ。

取0.5%羊毛脂煤油溶液25mL于磨口锥形瓶中，按上述方法加水5mL，观察现象，盖紧瓶塞，得到乳状液Ⅳ。

（3）界面生皂法。取$0.1mol \cdot L^{-1}$ NaOH溶液30mL于磨口锥形瓶中，加入1～2mL椰子油，摇匀，得到乳状液Ⅴ。

取0.8g三乙醇胺和25mL水于烧杯中混合，在搅拌下将0.8g油酸和11g液体石蜡的混合液加入，1min加完，继续搅拌2min，得到乳状液Ⅵ。

（4）高分子物质作稳定剂。取1%明胶25mL于磨口锥形瓶中，逐滴加入5mL煤油，猛烈摇荡，得到乳状液Ⅶ。

取1%明胶25mL于磨口锥形瓶中，逐滴加入5mL甲苯，猛烈摇荡，得到乳状液Ⅷ。

（5）混合乳化剂。取20mL石油醚，加少许Span-20使其溶解，再加入5mL 0.1% Tween-20溶液并摇动，得到乳状液Ⅸ。

（6）冷霜的制备。取0.6g硼砂溶于25mL水中，另取11g蜂蜡溶于25g液体石蜡中（需加热溶解）。当蜂蜡液尚未冷却时，在电动搅拌下将其滴入水相，冷却，得到乳状液Ⅹ。

上述制备的各乳状液采用下列方法中最简便的一种鉴别其类型。

2. 乳状液类型的鉴别方法

（1）稀释法　将一小滴乳状液放在载玻片上，并与此液滴并列滴一滴水（或非极性液如苯），此水滴（或非极性液滴）可假定是分散介质。倾斜载玻片，使两液滴接触，观察它们是否合而为一。若液滴合而为一，则表示所取液体是该乳状液的分散介质。反之，则为分散相。

（2）染色法　将一种油溶性染料（如苏丹Ⅲ苯溶液）滴在载玻片上的乳状液层上。若分散介质是油，染料将很快溶解到包围着分散相液滴的介质液体中；若分散相是油，则分散相液滴将染上颜色（需要猛烈摇荡后才能染上颜色）。染色后，在显微镜下观察乳状液内外相的颜色，由此可判断上述制得的乳状液的类型。

（3）电导法　上述制得的乳状液各取10mL分别放于大试管中，测其电导率。若分散介质是水，则应有一定的电导值。否则，电导值很小。

3. 破乳

若乳状液赖以稳定的乳化剂受到破坏，或是被有表面活性但不能形成牢固界面膜的物质从界面上代替掉，则乳状液的稳定性受到破坏，发生破乳。

分别在两支试管中各加入 5mL 乳状液Ⅴ，再在其中一支试管中加入 5mL 浓盐酸，另一支试管中加入 2mL 正丁醇（或戊醇），摇动后，静置观察，解释实验结果。

【数据处理】

对每一实验现象仔细观察，详细记录，分析讨论产生此现象的原因。

【注意事项】

1. 本实验药品较多，切勿混淆和沾污。

2. 制备乳状液时，试剂要分多次加入，每加一次要剧烈摇动，确保完全分层。

3. 实验结束后，废液要倒入废液桶中。

【思考题】

1. 影响乳状液稳定性的因素有哪些？

2. 决定乳状液类型的因素有哪些？

【扩展实验】

1. 乳状液的应用

查阅资料，总结乳状液在石油工业、食品加工、农业生产和日常生活中的相关应用。

2. 牛奶和豆浆是天然的乳状液，擦脸霜和药膏等为人工合成的乳状液，试设计实验判断它们分别属于哪种类型的乳状液？

实验34 黏度法测高聚物的平均摩尔质量

【实验目的】

1. 掌握用乌氏（Ubbelohde）黏度计测定黏度的原理和方法。

2. 理解各种黏度的概念及其物理意义。

3. 测定聚乙烯醇的平均摩尔质量。

【实验原理】

摩尔质量是表征高聚物特性的一个重要参数，因为它不仅反映了高聚物分子的大小，而且直接关系到高聚物的物理性能。但与一般无机物或低分子有机物不同，高聚物多是聚合度不同、大小不等的高分子混合物，所以通常所测高聚物的摩尔质量是大小不等高分子摩尔质量的统计平均值，即平均摩尔质量。由于测量原理和计算方法不同，所得的结果也不同。常见的平均摩尔质量有数均摩尔质量（端基分析法和渗透压法）、质均摩尔质量（光散射法）、z 均摩尔质量（超离心法）、黏均摩尔质量（黏度法）。在多种测量高聚物平均摩尔质量的方法中，黏度法具有设备简单、操作方便、耗时较少、精度较高等特点，因而最为常用。

黏度是指液体对流动所表现的阻力，这种力阻碍液体中相接部分的相对运动，因此可看作一种内摩擦。高聚物在稀溶液中的黏度，主要反映了液体在流动时所存在的内摩擦，包括溶剂分子与溶剂分子之间、高聚物分子与溶剂分子之间、高聚物分子与高聚物分子之间的内摩擦，以 η 表示。其中，溶剂分子与溶剂分子之间的内摩擦表现出来的黏度称为纯溶剂的黏度，以 η_0 表示。相同温度下，η 一般大于 η_0。为比较这两种黏度，引入相对黏度 η_r 和增比黏度 η_{sp}的概念：

$$\eta_r = \frac{\eta}{\eta_0} \tag{2-34-1}$$

$$\eta_{sp} = \frac{\eta - \eta_0}{\eta_0} = \eta_r - 1 \tag{2-34-2}$$

相对黏度 η_r 反映的仍是溶液三种内摩擦的总和，增比黏度 η_{sp}是扣除溶剂分子与溶剂分子之间的内摩擦之后，高聚物分子与溶剂分子之间及高聚物分子与高聚物分子之间的内摩擦。

高聚物溶液的黏度除与温度、溶剂、高聚物的性质有关外，还与高聚物的浓度有关，浓度越大，黏度也越大。为此，常取单位浓度下呈现的黏度来进行比较，从而引入比浓黏度的概念，以$\frac{\eta_{sp}}{c}$表示，又定义$\frac{\ln\eta_r}{c}$为比浓对数黏度。因 η_{sp} 和 η_r 都是量纲为 1 的量，故$\frac{\eta_{sp}}{c}$和$\frac{\ln\eta_r}{c}$的单位视浓度 c 的单位（常用 $g \cdot mL^{-1}$）而定。

在足够稀的溶液中，比浓黏度和比浓对数黏度与浓度之间符合如下经验关系式：

$$\frac{\eta_{sp}}{c} = [\eta] + k[\eta]^2 c \tag{2-34-3}$$

$$\frac{\ln\eta_r}{c} = [\eta] + \beta[\eta]^2 c \tag{2-34-4}$$

式中，k 和 β 为常数。根据式（2-34-3）和式（2-34-4），以$\frac{\eta_{sp}}{c}$-c 或$\frac{\ln\eta_r}{c}$-c 作图可得两条直线，见图 2-34-1。对同一高聚物，外推至 $c=0$ 时，两条直线相交于一点，所得截距为

$[\eta]$，$[\eta]$ 称为特性黏度。当溶液无限稀释时，高聚物分子之间的内摩擦可以忽略不计，因此，特性黏度主要反映了溶剂分子和高聚物分子之间的内摩擦效应，其值与浓度无关，主要取决于溶剂的性质和聚合物的形态及大小。

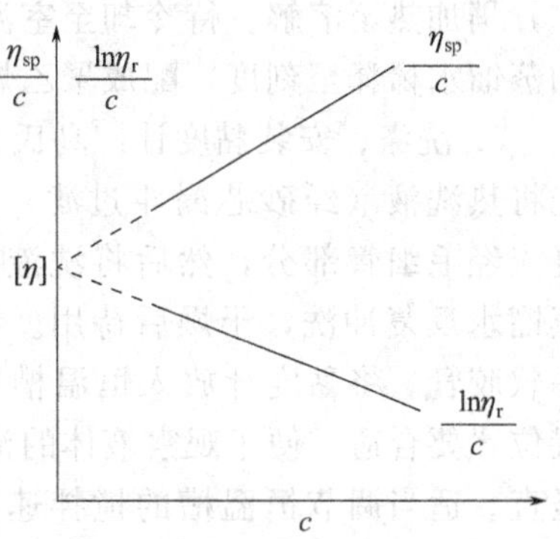

图 2-34-1　外推法求特性黏度 $[\eta]$

特性黏度 $[\eta]$ 与高聚物平均摩尔质量 $\overline{M}_r$ 之间的半经验关系可用 Mark Houwink 方程式表示：

$$[\eta]=K\,\overline{M}_r{}^{\alpha} \tag{2-34-5}$$

式中，K 和 α 为常数，它们都与温度、聚合物及溶剂的性质有关，其值只能通过其他绝对方法确定，如渗透压法、光散射法等。若已知 K 和 α 的数值，只要测得 $[\eta]$ 就可求出 $\overline{M}_r$。不同温度下聚乙烯醇溶液的 K 和 α 值见附表 31。

黏度的测定方法有多种，如毛细管法、落球法、转筒法等。前者适用于较低黏度的液体，后两者适用于较高黏度的液体。本实验采用毛细管黏度计测定黏度，通过测定一定体积的液体流经一定长度和半径的毛细管所需的时间而获得。当液体在重力作用下流经毛细管时，其遵守 Poiseuille 定律：

$$\frac{\eta}{\rho}=\frac{\pi hgr^4t}{8lV}-m\frac{V}{8\pi lt} \tag{2-34-6}$$

式中，ρ 为液体密度；l 为毛细管长度；r 为毛细管半径；t 为流出时间；h 为流经毛细管液体的平均液柱高度；V 为流经毛细管的液体体积；m 为与仪器的几何形状有关的常数，在 $\frac{r}{l}\ll 1$ 时，可取 $m=1$。

对指定的黏度计而言，令 $A=\frac{\pi hgr^4}{8lV}$，$B=m\frac{V}{8\pi l}$，则式（2-34-6）可改写为

$$\frac{\eta}{\rho}=At-\frac{B}{t} \tag{2-34-7}$$

式中，$B<1$。当 $t>100\text{s}$ 时，等式右边的第二项可以忽略。在稀溶液中，溶液的密度 ρ 与溶剂的密度 ρ_0 近似相等。这样，可以通过测定溶液和溶剂的流出时间 t 和 t_0，就可以求算 η_r。

$$\eta_r=\frac{\eta}{\eta_0}=\frac{t}{t_0} \tag{2-34-8}$$

进而可分别计算得到 η_{sp}、$\frac{\eta_{sp}}{c}$ 和 $\frac{\ln\eta_r}{c}$ 的值。对一系列不同浓度的溶液分别进行测定，以 $\frac{\eta_{sp}}{c}$ 和 $\frac{\ln\eta_r}{c}$ 为同一纵坐标、c 为横坐标作图（图 2-34-1），外推得到 $[\eta]$，代入式（2-34-5）即可求出高聚物的平均摩尔质量。

【仪器与试剂】

玻璃恒温槽 1 套；乌氏黏度计 1 支；烧杯（100mL）1 个；移液管（5mL，10mL 各 1 支）；容量瓶（100mL）1 个；量筒（100mL）1 个；停表 1 个。

聚乙烯醇（A. R.）；正丁醇（A. R.）；无水乙醇（A. R.）。

【实验步骤】

1. 调节恒温槽温度：将玻璃恒温水槽调节到（25.0±0.1）℃或（30.0±0.1）℃。

2. 聚乙烯醇溶液的配制。称取聚乙烯醇 0.5g 放入 100mL 烧杯中，注入约 60mL 蒸馏

水，稍加热至溶解。待冷却至室温，加入 2 滴正丁醇（去泡剂），并移入 100mL 容量瓶中，加蒸馏水稀释至刻度，配成聚乙烯醇溶液。

3. 洗涤、安装黏度计。乌氏黏度计的构造如图 2-34-2 所示。先将热洗液（经砂芯漏斗过滤）灌入黏度计内浸泡，并使其反复流经毛细管部分，然后将洗液倒入专用瓶中，再用自来水和蒸馏水反复冲洗，干燥后待用。在黏度计的 B 管和 C 管上端套一软胶管。将黏度计放入恒温槽中，使水面完全浸没 G 球（放置位置要合适，便于观察液体的流动情况），并用吊锤检查是否竖直。适当调节恒温槽的搅拌速度，不能产生剧烈振动影响测量结果。

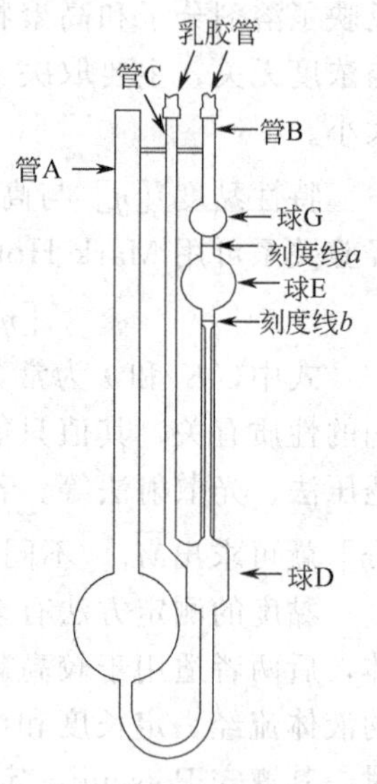

图 2-34-2　乌氏黏度计构造示意图

4. 溶剂流出时间 t_0 的测定。用移液管取 10.00mL 蒸馏水自 A 管注入黏度计中，恒温 15min，夹紧 C 管上连接的乳胶管，在 B 管上接洗耳球慢慢抽气，待液体升至 G 球的 2/3 左右停止抽气，打开 C 管上的夹子使毛细管内的液体同 D 球分开，用停表测定液体流经毛细管 a、b 刻度线所需要的时间。重复测定三次，每次相差不超过 0.2～0.3s，取平均值。

5. 溶液流出时间 t 的测定。待 t_0 测完后，取出黏度计，倒出溶剂，加入少量无水乙醇溶解管内的水滴，将乙醇倒入指定试剂瓶中，用电吹风吹干黏度计。用移液管取 10.00mL 聚乙烯醇溶液由 A 管注入黏度计中，同上法测定流出时间 t_1。然后依次由 A 管加入 5.00mL、5.00mL、10.00mL、15.00mL 蒸馏水，稀释成浓度为 c_2、c_3、c_4、c_5 的溶液，并分别测定流出时间 t_2、t_3、t_4、t_5。注意每次加入蒸馏水后，要充分混合均匀，并抽洗黏度计的 E 球和 G 球，使黏度计内溶液各处的浓度相等。

实验结束后，用蒸馏水仔细冲洗黏度计 3 次，最后用无水乙醇洗涤浸泡，晾干，备用。

【数据处理】

1. 设计表格，记录实验数据。

2. 根据式（2-34-8）计算 η_r，根据式（2-34-2）计算 η_{sp}。

3. 以 $\frac{\eta_{sp}}{c}$ 和 $\frac{\ln\eta_r}{c}$ 为同一纵坐标，c 为横坐标作图，外推求［η］。

4. 根据式（2-34-5）求出聚乙烯醇的平均摩尔质量 $\overline{M}_r$。

【注意事项】

1. 所用黏度计必须洁净，有时微量的灰尘、油污等会产生局部的堵塞现象，影响溶液在毛细管中的流速，导致较大误差。

2. 实验过程中注意保持毛细管的竖直和防止外界的振动，以防影响溶液的流出时间。

3. 当浓度超过一定限度时，高聚物溶液的 $\frac{\eta_{sp}}{c}$-c 或 $\frac{\ln\eta_r}{c}$-c 的关系不呈线性。通常选用 η_r＝1.2～2.0 之间。

4. 如果实验测定结果显示 $\frac{\eta_{sp}}{c}$-c 或 $\frac{\ln\eta_r}{c}$-c 两条直线平行或在 $c\neq 0$ 时相交，应以 $\frac{\eta_{sp}}{c}$ 与 c 的关系为基准来确定聚合物溶液的特性黏度［η］。

5. 实验完毕，黏度计应洗净，然后用洁净的蒸馏水浸泡或倒置使黏度计晾干。

【思考题】

1. 乌氏黏度计中C管的作用是什么？能否去除C管改为双管黏度计使用？

2. 高聚物溶液的 η_{sp}、η_r、$\frac{\eta_{sp}}{c}$和［η］的物理意义是什么？

3. 高分子化合物平均摩尔质量的测定方法有哪些？

【扩展实验】

1. 聚丙烯酰胺（PAM）是一种广泛应用于污水处理、造纸、石油、纺织、医药、食品等行业的水溶性聚合物，试设计实验测定其特性黏度。

2. 温度对黏度的影响显著，设计实验测定不同温度下聚乙烯醇的黏度，并计算流体的活化能 E_a。

提示：按关系式 $\eta = A e^{-\frac{E_a}{RT}}$ 处理数据，求流体活化能 E_a（流体流动时必须克服的能垒）。

第3部分 附录

附录1 物理化学实验常用仪器

仪器1 贝克曼温度计

这里介绍两种温度量程的调节使用方法：

1. 恒温浴调节法

(1) 首先确定所使用的温度范围。例如，测水溶液凝固点的降低需要能读出 1～－5℃之间的温度读数；测水溶液沸点的升高则希望能读出 99～105℃之间的温度读数；至于燃烧热的测定，则室温时水银柱示值在 2～3℃之间最为适宜。

(2) 根据使用范围，估计水银柱升至毛细管末端弯头处的温度。一般贝克曼温度计，水银柱由刻度最高处上升至毛细管末端，还需要升高 2℃左右。根据这个估值来调节水银球中的水银量。例如，测定水的凝固点降低时，最高温度读数拟调节至 1℃，那么毛细管末端弯头处的温度应相当于 3℃。

(3) 将贝克曼温度计浸在温度较高的恒温浴中，使毛细管内的水银柱升高至弯头，并在球形出口形成滴状，然后从水浴中取出温度计，将其倒置，即可使它与水银贮槽中的水银相连接，如图 3-1-1 所示。

(4) 另用一恒温浴，将其调至毛细管末端弯头所应达到的温度，把贝克曼温度计置于恒温浴中，恒温 5min 以上。

(5) 取出温度计，用左手轻击右手小臂，如图 3-1-2 所示。这时水银柱即可在弯头处断开。温度计从恒温浴中取出后，由于温度的差异，水银体积会迅速变化，因此，这一调节步骤要求迅速、轻快，但不必慌乱，以免造成失误。

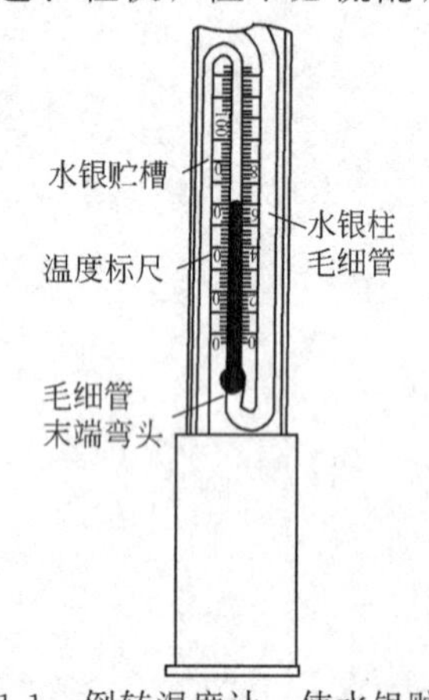

图 3-1-1　倒转温度计，使水银贮槽与毛细管中两部分水银相连接

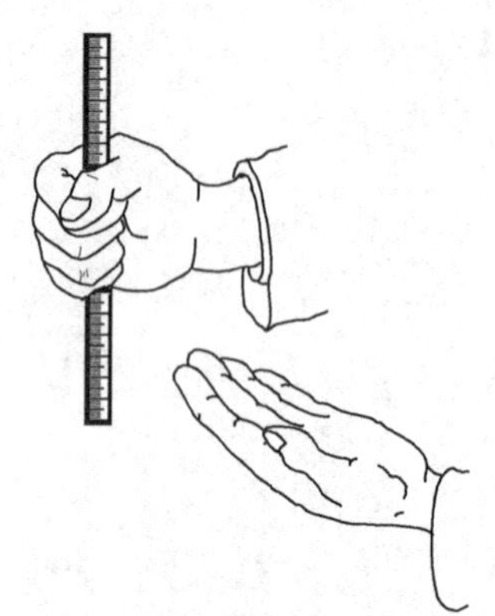

图 3-1-2　使水银柱中的水银在毛细管末端弯头处断开

(6) 将调节好的温度计置于欲测温度的恒温槽中，观察其读数，并估计量程是否符合要求。例如，在凝固点降低法测摩尔质量实验中，可用0℃的冰水浴予以检验，如果温度值落在3～5℃处，意味着量程合适。若偏差过大，则应按上述步骤重新调节。

2. 标尺读数法

对于操作比较熟练的人可采用此法。该方法是直接利用贝克曼温度计上部的温度标尺，而不必另外利用恒温浴来调节，其操作步骤如下：

(1) 首先估计最高使用温度值。

(2) 将温度计倒置，使水银球和毛细管中的水银徐徐注入毛细管末端的球部，再把温度计慢慢倾倒，使贮槽中的水银与之相连接。

(3) 若估计值高于室温，可用温水或倒置温度计利用重力作用，让水银流入水银槽，当温度标尺处的水银面到达所需温度时，如图3-1-2所示那样轻轻敲击，使水银柱在弯头处断开；若估计值低于室温，可将温度计浸于较低的恒温浴中，让水银面下降至温度标尺上的读数正好到达所需温度的估计值，同法使水银柱断开。

(4) 与上述方法相同，试验调节的水银量是否合适。

3. 注意事项

(1) 贝克曼温度计由薄玻璃制成，比一般水银温度计长得多，易受损坏。所以一般应放置于温度计盒中，或者安装在使用仪器架上，或者握在手中，不应任意放置。

(2) 调节时，注意勿让它受剧热或骤冷，还要避免重击。

(3) 调节好的温度计，注意勿使毛细管中的水银和贮槽中的水银相连接。

仪器2　热电偶温度计

将两种金属导线构成一闭合回路，如果两个接点的温度不同，就会产生一个电势差，称为温差电势。如在回路中串接一个毫伏表，则可粗略显示该温差电势的量值（图3-2-1）。这一对金属导线的组合就称为热电偶温度计，简称热电偶。

实验表明，温差电势 E 与两个接触点的温度差 ΔT 之间存在函数关系。如其中一个接点的温度恒定不变，则温差电势只与另一个接点的温度有关，即 $E=f(T)$。通常将其一端置于标准压力下的冰水共存体系。那么，由温差电势就可直接测出另一端的摄氏温度值。在要求不高的测量中，可用锰铜丝制成冷端补偿电阻。

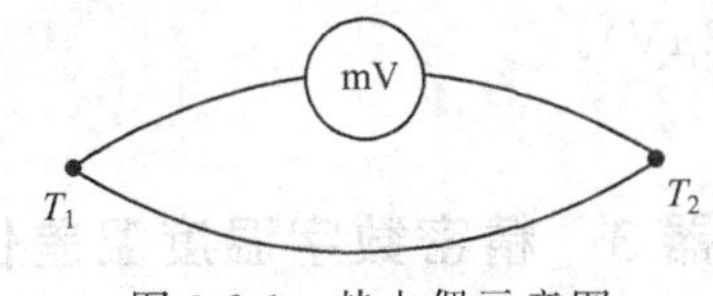

图3-2-1　热电偶示意图

热电偶是目前工业测温中最常用的传感器，自1821年塞贝克（Seebeck）发现热电效应起，热电偶的发展已经历了近两个世纪。期间有数百种热电偶问世，但应用较广的仅四五十种。它具有以下优点：测温点小，准确度高，反应速度快；品种规格多，测温范围广，在−270～2800℃范围内都有相应产品可供选用；结构简单，使用维修方便，可作为自动控温检测器等。

对热电偶电极材料有以下要求：在测温范围内，热电性质稳定，不随时间变化；有足够的物理化学稳定性，不易被氧化或腐蚀；电阻温度系数要小，导电率要高；它们组成的热电偶，测温时产生的电势要大，并希望这个热电势与温度成单值的线性或接近线性关系；材料复制性好，可制成标准分度，机械强度高，制造工艺简单，价格便宜。表 3-2-1 列出几种热电偶的基本参数。

表 3-2-1　热电偶基本参数

热电偶类别	材质及组成	新分度号	旧分度号	使用范围/℃	热电势系数/mV·K^{-1}
廉价金属	铁-康铜(CuNi40)		FK	0～+800	0.0540
	铜-康铜	T	CK	－200～+300	0.0428
	镍铬 10-考铜(CuNi43)		EA-2	0～+800	0.0695
	镍铬-镍硅	K	EU-2	0～+1300	0.0410
	镍铬-镍铝(NiAl2Si1Mg2)			0～+1100	0.0410
贵金属	铂-铂铑 10	S	LB-3	0～+1600	0.0064
	铂铑 30-铂铑 6	B	LL-2	0～+1800	0.00034

目前我国常用的热电偶有以下几种。

(1) 铂-铂铑 10 热电偶：由纯铂丝和铂铑丝（铂 90%、铑 10%）制成。铂和铂铑能得到高纯度材料，其复制精度和测量的准确性较高，有较高的物理化学稳定性，可用于精密温度测量和作基准热电偶。可在 1300℃以下温度范围内长期使用。

(2) 镍铬-镍硅（镍铬-镍铝）热电偶：由镍铬与镍硅制成，化学稳定性较高，可用于 900℃以下温度范围；复制性好，热电势大，线性好，价格便宜。

(3) 铂铑 30-铂铑 6 热电偶：可测 1600℃以下的高温，性能稳定，准确度高，缺点是热电势小，价格高。

(4) 镍铬-考铜热电偶：该热电偶灵敏度高，价廉，测温范围在 800℃以下。

(5) 铜-康铜热电偶：测量低温性极好，可达－270℃。测温范围为－270～400℃，热电灵敏度高。这种热电偶是标准型热电偶中准确度最高的一种，在 0～100℃范围内灵敏度可达到 0.05℃（对应热电势为 2μV）。

仪器 3　精密数字温度温差仪

1. 测量原理

SWC-Ⅱ$_D$精密数字温度温差仪是实验室常用的一种温度-温差双显示的精密测量仪器。图 3-3-1 为 SWC-Ⅱ$_D$精密数字温度温差仪面板示意图。

温度显示窗口显示传感器所测物的实际温度 T。温差显示窗口显示的温差为介质实际温度 T 与基温 T_0的差值。

仪器可以根据介质温度自动选择合适的基温，基温选择标准如表 3-3-1 所示。

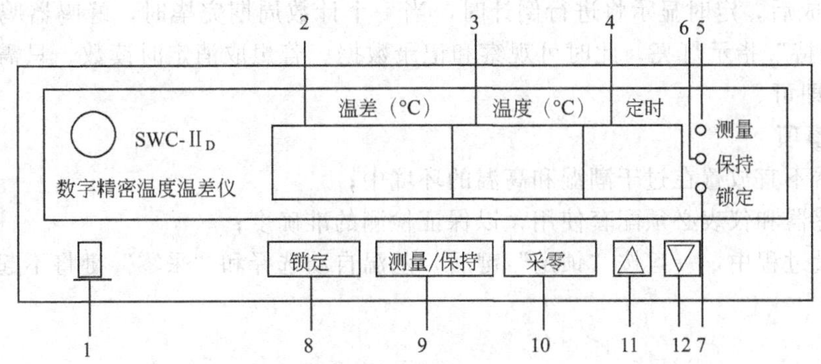

图 3-3-1 温度温差仪面板示意图

1—电源开关；2— 温差显示窗口；3—温度显示窗口；4—定时窗口；5—测量指示灯；6—保持指示灯；7—锁定指示灯；8—锁定键；9—测量保持键；10—采零键；11—增加键；12—减小键

表 3-3-1 基温选择标准

温度 T/℃	基温 T_0/℃
$T<-10$	-20
$-10<T<10$	0
$10<T<30$	20
$30<T<50$	40
$50<T<70$	60
$70<T<90$	80
$90<T<110$	100
$110<T<130$	120

基温 T_0不一定为绝对准确值，其为标准温度的近似值。被测量的实际温度为 T，基温为 T_0，温差 $\Delta T = T - T_0$。例如：

$T_1=18.08$℃，$T_0=20$℃，则 $\Delta T_1= -1.92$℃

$T_2=21.34$℃，$T_0=20$℃，则 $\Delta T_2=1.34$℃

要得到两个温度的相对变化量 $\Delta T'$，则

$\Delta T'=\Delta T_2-\Delta T_1=(T_2-T_0)-(T_1-T_0)=T_2-T_1$

由此可见，基温 T_0只是一个参考值，其略有误差对测量结果没有影响。采用基温可以得到分辨率更高的温差，提高显示值的准确度。

2. 使用方法

(1) 将传感器插头插入后面板上的传感器接口（槽口对准）。

(2) 将 220V 电源接入后面板上的电源插座。

(3) 将传感器插入被测物中。

(4) 按下电源开关，此时温度显示屏显示仪表实时温度，温差显示基温 20℃时的温差值。

(5) 当温度温差显示值稳定后，按一下“采零”键，温差显示窗口显示“0.000”，再按下“锁定”键，锁定仪器，稍后显示的温差值即为温度的相对变化量。

(6) 要记录读数时，可按下“测量/保持”键，使仪器处于保持状态，此时，“保持”指示灯亮。读数完毕，再按一下“测量/保持”键，即可转换到“测量”状态，进行跟踪测量。

(7) 定时读数：按下增、减键，设定所需的报时间隔（应大于 5s，定时读数才会起作

用）。设定完成后，定时显示将进行倒计时，当一个计数周期完毕时，蜂鸣器鸣响且读数保持约 2s，“保持”指示灯亮，此时可观察和记录数据。若想取消定时读数，只需将定时读数设置小于 5s 即可。

3. **注意事项**

(1) 仪器不宜放置在过于潮湿和高温的环境中；

(2) 传感器和仪表必须配套使用，以保证检测的准确度；

(3) 测量过程中，一旦按“锁定”键后，基温自动选择和“采零”键将不起作用，直至重新开机。

仪器 4 气体钢瓶

1. 气体钢瓶的颜色标记

物理化学实验室中要用到高压气瓶，高压气瓶是由无缝碳素钢或合金钢制成的。我国劳动部 1966 年颁布了气瓶安全监察规程，规定了各类气瓶的颜色和标志，见表 3-4-1。气瓶上须有制造钢印标记和检验钢印标记。

表 3-4-1 我国气体钢瓶常用标识

气体类别	瓶身颜色	标字颜色	字样
氮气	黑	黄	氮
氧气	天蓝	黑	氧
氢气	深绿	红	氢
压缩空气	黑	白	压缩空气
二氧化碳	黑	黄	二氧化碳
氨	棕	白	氨
液氨	黄	黑	氨
氯	草绿	白	氯
乙炔	白	红	乙炔
乙烯	紫	红	乙烯
氟氯烷	铝白	黑	氟氯烷
石油气体	灰	红	石油气
氩气	灰	绿	氩

2. 氧气减压阀的工作原理

气体钢瓶使用时要装上配套的减压阀。氧气减压阀俗称氧气表，其结构如图 3-4-1 所示。阀腔被减压阀门分为高压腔和低压腔两部分。高压腔与氧气瓶连接，气压可由高压表读出，表示钢瓶内的气压；低压腔为气体出口，与工作系统连接，气压由低压表给出。当顺时针方向转动减压阀手柄时，手柄压缩主弹簧，进而转动弹簧垫块、薄膜和顶杆，将阀门打开。高压气体即由高压腔阀门节流减压后进入低压腔。当达到所需压力时，停止旋转手柄。停止用气时，逆时针转动手柄，使主弹簧恢复自由状态，阀门封闭。减压阀装有安全阀，当压力超过许用值或减压阀发生故障时即自动开启放气。

3. 氧气减压阀的使用方法

(1) 按图 3-4-2 装好氧气减压阀，要确保良好的气密效果，可用肥皂水检查减压阀与钢瓶连接处是否漏气。使用前，逆时针方向转动减压阀手柄至放松位置，此时减压阀关闭。

(2) 使用时，打开总压阀，高压表读数为钢瓶内压力。顺时针旋转手柄，减压阀门即开启送气，直到所需压力时，停止转动手柄。

(3) 停止用气时，先关钢瓶阀门，并将减压阀中的余气排空，直至高压表和低压表均指到“0”。反时针转动手柄至松的位置。此时，减压阀关闭，保证下次开启阀门时，不会发生高压气体直接冲进充气系统，保护减压阀调制压力的作用，以免失灵。

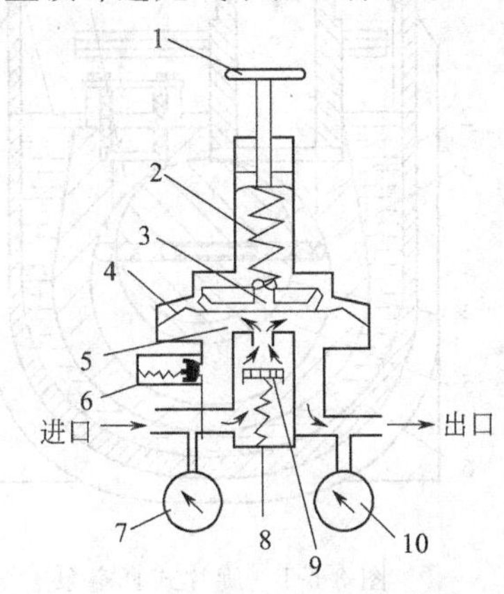

图 3-4-1　氧气减压阀的结构

1—手柄；2—主弹簧；3—弹簧垫块；4—薄膜；5—顶杆；6—安全阀；7—高压表；8—弹簧；9—阀门；10—低压表

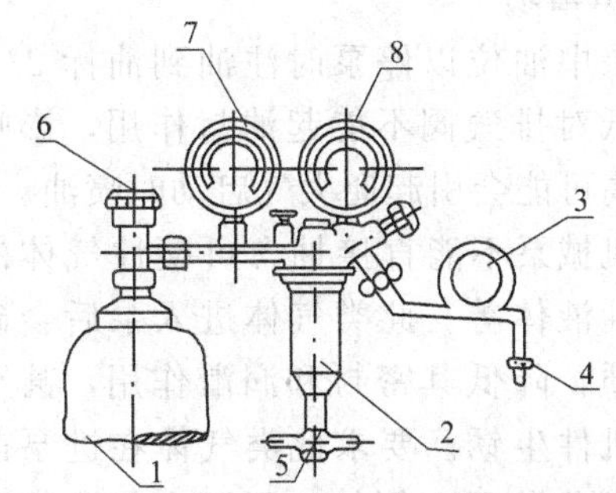

图 3-4-2　氧气减压阀的安装

1—氧气瓶；2—减压表；3—导气管；4—接头；5—减压阀旋转手柄；6—总阀门；7—高压表；8—低压表

4. 气瓶使用注意事项

为安全起见，使用高压储气瓶必须按正确的操作规程进行，有关注意事项如下：

(1) 高压气瓶应分类保管，存放于通风、阴凉、干燥、隔绝明火、远离热源的房间。

(2) 使用中的高压气瓶应固定牢靠，减压阀应专用，安装时要紧固螺口，不得漏气。

(3) 开启高压气瓶时，操作者应站在气瓶口的侧面，气瓶应直立，然后缓缓旋开瓶阀。气体必须经减压阀减压，不得直接放气。

(4) 氧气瓶及其专用工具严禁与油类接触，氧气瓶附近也不得有油类存在，操作者必须将手洗干净，绝对不能穿用沾有油脂或油污的工作服、手套及油手操作，以防氧气冲出后发生燃烧甚至爆炸。

(5) 瓶内气体不得用尽。永久性气体气瓶的残压应不小于 0.05MPa，液化气体气瓶应保留不少于 0.5%～1.0%规定充装量的余气。

(6) 气瓶搬运前一定要事先戴上气瓶安全帽，以防不慎摔断瓶嘴发生爆炸事故。钢瓶身上必须具有两个橡胶防震圈。气瓶要轻拿轻放，防止摔掷、敲击、滚划或剧烈振动。

(7) 各种气瓶必须定期进行技术检验。充装一般气体的气瓶，每三年检验 1 次；充装腐蚀性气体的气瓶每两年检验 1 次。气瓶在使用过程中，如发现有严重腐蚀或其他严重损伤应提前进行检验。盛装剧毒或高毒介质的气瓶，在定期技术检验的同时还应进行气密性试验。

仪器 5　真空泵

1. 构造及原理

实验室常用的真空泵为旋片式真空泵，主要由泵体和偏心转子组成，泵的整个机件浸在真空油中，如图 3-5-1 所示。偏心转子下面安装有带弹簧的旋片，由电动机带动，偏心转子紧贴泵腔壁旋转。旋片借离心力和旋片弹力紧贴泵腔壁，把进、排气口分隔开来，并使进气腔的容积周期性地扩大而吸气，排气腔的容积则周期性地缩小而压缩气体，借压缩气体的压力和油推开排气阀排气，从而获得真空。

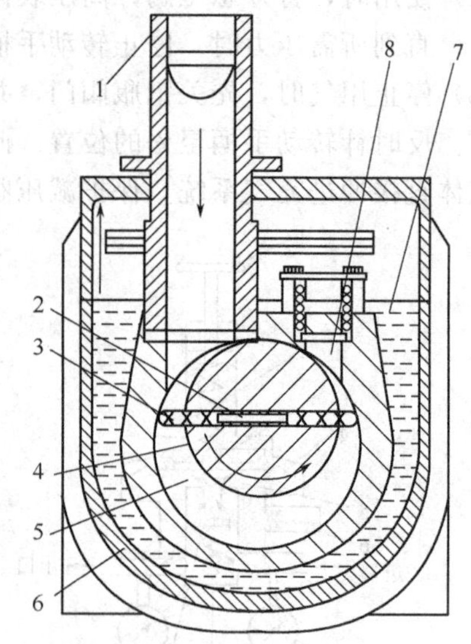

图 3-5-1　旋片式真空泵

1—进气嘴；2—旋片弹簧；3—旋片；4—转子；5—泵体；6—油箱；7—真空泵油；8—排气嘴

2. 注意事项

(1) 泵中油位以停泵时注油到油标 2/3 处为宜。过低对排气阀不能起油封作用，影响真空度，过高可能会引起通大气启动时喷油。

(2) 机械泵不能直接抽含可凝性气体的蒸气和挥发性液体等。此类气体进入泵后会破坏泵油的品质，降低其密封和润滑作用，甚至会导致泵的机件生锈。要求此类气体在进泵前必须先通过纯化装置。例如，用无水氯化钙、五氧化二磷、分子筛等吸收水分；用石蜡吸收有机蒸气；用活性炭或硅胶吸收其他蒸气等。

(3) 机械泵不能用来抽有爆炸性的、有毒的或对金属有腐蚀的（如含氯化氢、氯气、二氧化氮）或与泵油能发生化学反应的气体。因这类气体能迅速侵蚀泵中精密加工的机件表面，使泵漏气，达不到所要求的真空度。此时，应通过装有氢氧化钠固体的吸收瓶除去有害气体。

(4) 机械泵由电动机带动工作，使用时应注意马达的电压。若是三相电动机带动的泵，第一次使用时要特别注意三相马达的旋转方向是否正确。正常运转时不应有摩擦、金属碰击的声音。电动机运转时的温度不能超过 50～60℃。

(5) 泵的进气口前应安装一个三通活塞。停止抽气时，应先使机械泵与抽空系统隔开，与大气相通，然后关闭电源。这样既可保持系统的真空度，又可避免泵油被倒吸。

仪器 6　阿贝折射仪

折射率是物质的重要物理常数之一，许多纯物质都具有一定的折射率，如果其中含有杂质则折射率将发生变化，出现偏差，杂质越多，偏差越大。因此通过折射率的测定，可以测定物质的浓度、鉴定液体的纯度。实验室常用的阿贝（Abbe）折射仪既可以测定液体的折射率，又可以测定固体物质的折射率，同时可以测定溶液的浓度。

1. 阿贝折射仪的构造原理

当一束单色光从介质 A 进入介质 B（两种介质密度不同）时，光线在通过界面时改变了方向，这一现象称为光的折射，如图 3-6-1 所示。

光的折射遵守折射定律：

$$\frac{\sin\alpha}{\sin\beta}=\frac{n_B}{n_A}=n_{A,B} \tag{3-6-1}$$

式中，α 为入射角；β 为折射角；n_A，n_B 为交界面两侧两种介质的折射率；$n_{A,B}$ 为介质

B对介质A的相对折射率。

若介质A为真空，因规定$n=1.00000$，故$n_{A,B}=n_1$为绝对折射率。但介质A通常为空气，空气的绝对折射率为1.00029，这样得到的折射率称为常用折射率，也可称为对空气的相对折射率。同一种物质的两种折射率表示法之间的关系为：

$$绝对折射率=常用折射率\times 1.00029$$

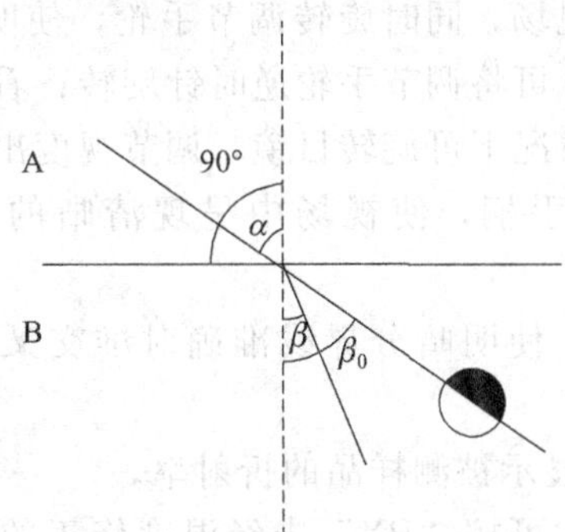

图 3-6-1　光的折射示意图

根据式（3-6-1）可知，当光线从一种折射率小的介质A射入折射率大的介质B时（$n_A < n_B$），入射角一定大于折射角（$\alpha > \beta$）。当入射角增大到90℃时，折射角相应增大到β_0，此折射角称为临界角。因此，当在两种介质的界面上以不同角度射入光线时（入射角从0°～90°），光线经过折射率大的介质后，其折射角$\beta \leqslant \beta_0$。其结果是大于临界角的部分无光线通过，成为暗区；小于临界角的部分有光线通过，成为亮区。如图3-6-1所示。

根据式（3-6-1）可得：

$$n_A = n_B \frac{\sin\beta_0}{\sin\alpha} = n_B \sin\beta_0 \tag{3-6-2}$$

因此在固定一种介质时，临界折射角β_0的大小与被测物质的折射率是简单的函数关系，阿贝折射仪就是根据这个原理设计的。

2. 数字阿贝折射仪的使用方法

数字阿贝折射仪的外形结构如图3-6-2所示。该仪器内部具有恒温结构，并装有温度传感器，按下温度显示按钮即可显示温度，按下测量显示按钮即可显示折射率。

（1）开机：将超级恒温槽与阿贝折射仪相连接，使恒温水通入棱镜夹套内。按下“power”电源开关，聚光照明部件中照明灯亮，同时显示窗显示“00000”（有时显示窗先显示“—”，数秒后显示“00000”）。

（2）加样：打开折射棱镜部件，移去擦镜纸（仪器不使用时在两棱镜之间放置一张擦镜纸，防止关上棱镜时，可能留在棱镜上的细小硬粒弄坏棱镜的工作表面），检查上、下棱镜表面，并用水或酒精小心清洁其表面，若棱镜表面不清洁，可滴加少量丙酮，用擦镜纸顺着单一方向轻擦镜面（不可来回擦）。待镜面洗净干燥后，用滴管滴加数滴试样于棱镜上，迅速合上进光棱镜。若液体易挥发，动作要迅速。

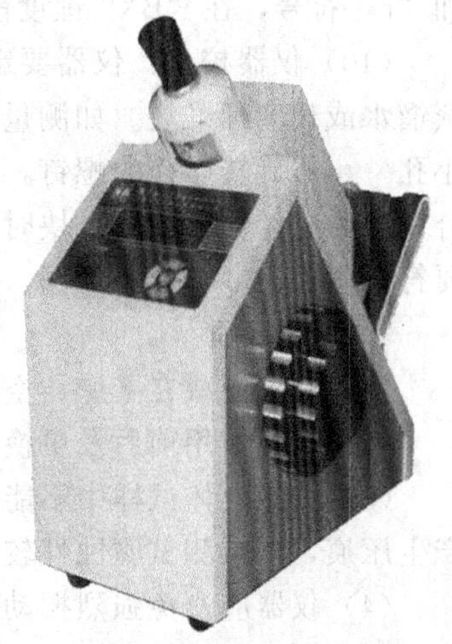

图 3-6-2　阿贝折射仪

如样品为固体，则固体样品必须有一个经过抛光加工的平整表面。测量前需将抛光表面擦净，并在下面的折射棱镜工作表面滴 1～2 滴折射率比固体样品大的透明液体（如溴代萘），然后将固体样品的抛光面放在折射棱镜的工作表面上，使其接触良好。测固体样品时不需将上面的进光棱镜盖上。

(3) 对光：旋转聚光照明部件的转臂和聚光镜筒，使上面的进光棱镜的进光表面（测液体样品）或固体样品前面的进光表面（测固体样品）得到均匀照明。

(4) 粗调：通过目镜观察视场，同时旋转调节手轮，使明暗分界线落在交叉线视场中。如从目镜中看到的视场是全暗，可将调节手轮逆时针旋转；看到的视场是全亮，则将调节手轮顺时针旋转。在明亮的视场情况下可旋转目镜，调节视度出现清晰交叉线。

(5) 消色散：转动消色散手柄，使视场中呈现清晰的明暗分界线。

(6) 精调：旋转调节手轮，使明暗分界线准确对准交叉线的交点，如图 3-6-3 所示。

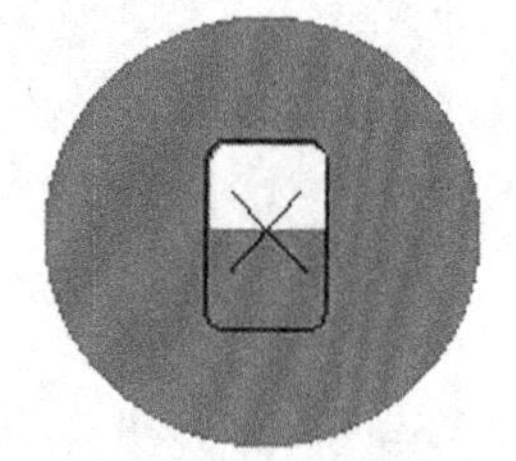

图 3-6-3 明暗分界线对准交叉线

(7) 读数：按“READ”，显示被测样品的折射率。

如要知道该样品的锤度值，可按“BX”未经温度修正的锤度显示键或按“BX-TC”经温度修正的锤度（按 ICUMSA）显示键。“nD”“ BX-TC”及“BX”三个键用于选定测量方式。经选定后再按“READ”键，显示窗就按预先选定的测量方式显示。有时按“READ”键，显示“-”，数秒后“-”消失，显示窗全暗，无其他显示，反映该仪器可能存在故障，此时仪器不能正常工作，需检查修理。当选定测量方式为“BX-TC”或“BX”时如果调节手轮旋转超出锤度测量范围（0～95%），按“READ”键后，显示窗将显示“.”。

(8) 样品测量结束后，必须用酒精或水（样品为糖溶液）小心清洁。

(9) 如需要检测样品温度，可按“TEMP”温度显示键，显示窗将显示样品温度。除了按“READ”键后，显示窗显示“-”，按“TEMP”键无效，在其他情况下都可以对样品进行温度检测。显示为温度时，再按“nD”、“BX-TC”或“BX”键，显示将是原来的折射率或锤度。为了区分显示值是温度还是锤度，在温度前加“t”符号，在“ BX-TC”锤度前加“c”符号，在“BX”锤度前加“b”符号。

(10) 仪器校正：仪器要定期进行校准，对测量数据有疑问时也可进行校准。校准时用蒸馏水或玻璃标准块。如测量数据与标准值有偏差，可用钟表螺丝刀通过色散校正手轮中的小孔，小心旋转里面的螺钉，使分划板上的交叉线上下移动，然后再进行测量，直到测数符合要求为止。样品为标准块时，测数要符合标准块上所标定的数据，如样品为蒸馏水时测数要符合附表 16。

3. 注意事项

(1) 仪器应放在干燥、空气流通和温度适宜的地方，以免仪器的光学零件受潮发霉。

(2) 仪器使用前后及更换试样时，必须先清洗擦净折射棱镜的工作表面。

(3) 被测液体试样中不能含有固体杂质，测试固体样品时应防止折射镜工作表面拉毛或产生压痕，严禁测试腐蚀性较强的样品。

(4) 仪器应避免强烈振动或撞击，防止光学零件震碎、松动而影响精度。

(5) 如聚光照明系统中灯泡损坏，可将聚光镜筒沿轴取下，换上新灯泡，并调节灯泡左右位置（松开旁边的紧定螺钉），使光线聚光在折射棱镜的进光表面上，并不产生明显偏斜。

(6) 仪器聚光镜是塑料制成的，为了防止带有腐蚀性的样品对它的表面产生破坏，使用时用透明塑料罩将聚光镜罩住。

(7) 若待测试样的折射率不在1.3～1.7范围内，阿贝折射仪不能测定，也看不到明暗分界线。

(8) 仪器不用时应用塑料罩将仪器盖上或放入箱内。

仪器7 分光光度计

1. 基本原理

在电磁波谱中，波长在4～800nm的波谱为紫外可见区，4～200nm的波谱为远紫外区，又称真空紫外区，要测定这一区域的仪器的光路系统必须抽真空，防止潮湿空气、氧气、氯气及二氧化碳等对这一段电磁波产生吸收而干扰。波长在200～400nm的波谱为近紫外区，波长在400～800nm的波谱为可见光区。这里主要介绍紫外光栅分光光度计，其波长范围在220～800nm。

(1) 吸光度与浓度的关系　当溶液中的物质在光的照射激发下，物质中的原子和分子以多种方式与光相互作用，产生对光的吸收效应。物质对光的吸收具有选择性，各种不同的物质都具有其各自的吸收光谱，因此，当某单色光通过溶液时，其能量就会被吸收而减弱，光能量减弱的程度和物质的浓度有一定的比例关系，即符合朗伯-比耳（Lambert-Beer）定律：

$$A=\lg \frac{I_0}{I}=Kcl \tag{3-7-1}$$

式中，A为吸光度；I_0为入射光强度；I为透射光强度；K为吸收系数；c为溶液的浓度；l为溶液的光径长度。

(2) 溶液浓度的测定

① 吸收曲线的测定。用被测样品在不同波长下测定吸光度A，以吸光度A对波长λ作图，图中最大吸收峰波长即为该样品的特征吸收峰波长。

② 工作曲线的测定。配制一系列已知浓度的样品，分别在特征吸收峰的波长下，测定吸光度值，以A-c作图，得到该样品的工作曲线。

③ 用未知浓度的样品在特征吸收峰的波长下，测定吸光度值。测得的吸光度值对照工作曲线，求得样品的浓度。

2. 722型分光光度计

(1) 仪器构造　国产的分光光度计种类、型号较多，实验室常用的有72型、721型、722型、752型等。722型为紫外光栅分光光度计，既可测定波长200～400nm的近紫外区，又可测定波长400～800nm的可见光区。722型分光光度计的外观如图3-7-1所示。

722型分光光度计利用相对测量原理，在某一测试波长处，测试待测溶液的透射比，还可将透射比转换成吸光度，可通过配制标样的方法，直接显示待测溶液的浓度值。

(2) 使用方法

① 打开样品室盖，此时光路呈关闭状态。开启电源，预热30min。

② 调节波长旋钮，选择测试波长。

③ 打开样品室盖，调节“0%T旋钮”，使显示值为“000.0”。

④ 先用待盛装溶液将石英比色皿（玻璃对300nm以下的电磁波辐射产生强烈吸收，故采用石英比色皿）润洗后，再倒入相应的溶液（注：溶液一般装至池高的2/3 ～ 4/5），用吸水纸吸干外壁水珠，用擦镜纸擦亮透光面。将装有参比溶液的吸收池放置于试样架的第一

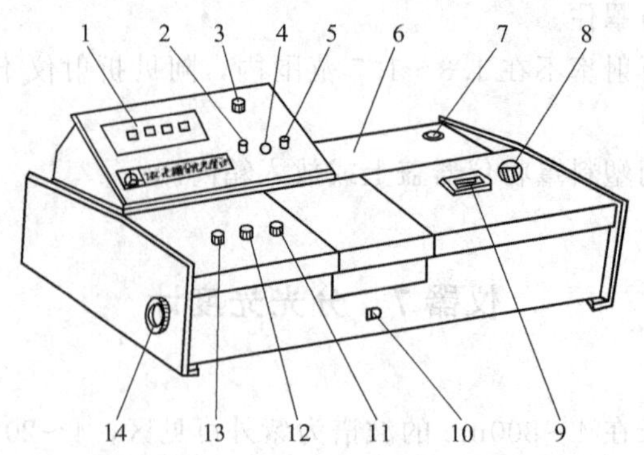

图 3-7-1 722 型分光光度计外形图

1—数字显示器；2—吸光度调零旋钮；3—选择开关；4—吸光度调斜率电位器；5—浓度旋钮；6—光源室；7—电源开关；8—波长调节手轮；9—波长刻度窗；10—试样架拉杆；11—100%T 旋钮；12—0%T 旋钮；13—灵敏度调节旋钮；14—干燥器

格，将装有待测溶液的吸收池依次置于第二、三格，固定好，盖上样品室盖。

⑤ 将参比拉入光路中，调节“100%T 旋钮”，使其显示为“100.0”，如果达不到，则要增加灵敏度挡，然后再调，直到显示值为“100.0”。

⑥ 将选择开关置于“A”挡，此时吸光度应显示为“.000”，若不是，则需调节吸光度调零旋钮，使其显示为“.000”。将待测试样依次拉入光路中，待读数稳定，记录各自的吸光度。

⑦ 使用完毕后关闭电源，洗净吸收池，仪器冷却 10min 后盖上防尘罩。

3. 注意事项

① 正确选择吸收池的材质，不能用手触摸吸收池光面的表面。

② 开关样品室盖时应小心操作，避免损坏光门开关。

③ 每次改变波长都需重调 100%T。

④ 若大幅度改变测试波长，需稍等几分钟才能工作（因光电管需要一段响应平衡时间）。

⑤ 在调整波长或更换试样时，应将样品室盖打开，否则会使光电管疲劳，数字显示不稳定。

⑥ 保持仪器干燥、洁净。

仪器 8 酸度计

1. 仪器工作原理

酸度计属于电化学分析仪器，是实验室中用来测定溶液 pH 值的最常用的仪器之一，具有结构简单，操作方便，测量准确和自动化程度高的优点。酸度计主要由参比电极、指示电极和测量系统三部分组成。参比电极常用饱和甘汞电极，指示电极为玻璃膜氢离子选择电极，对氢离子浓度变化敏感，内有金属内参比电极（Ag-AgCl）和内参比液。组成如下电池：

$$\text{玻璃电极} \mid \text{待测溶液} \parallel Hg(l)\text{-}Hg_2Cl_2(s)$$

在 298 K 时，电池的电动势为：

$$E=\varphi_{甘汞}-\varphi_{玻}=\varphi_{甘汞}-\left(\varphi_{玻}^{\ominus}-\frac{RT}{F}\ln\frac{1}{a_{H^+}}\right)$$

$$=\varphi_{甘汞}-(\varphi^{\ominus}_{玻}-0.05916\times \text{pH}) \tag{3-8-1}$$

$\varphi^{\ominus}_{玻}$ 的数值与多种因素有关，很难准确测定。测 pH 值时，先将玻璃电极插入已知 pH_s 的缓冲溶液中，测得电动势 E_s，然后再将玻璃电极插入未知 pH_x 的待测溶液中，测得电动势 E_x，则：

$$pH_x = pH_s + \frac{E_x - E_s}{0.05916} \tag{3-8-2}$$

2. 仪器使用方法

酸度计型号较多，下面以 pHS-3C 酸度计为例说明其使用方法。

（1）pH 值的测定

① 将 pH 复合电极下端的电极保护套拔下，并且拉下电极上端的橡皮套，使其露出上端小孔，将电极用蒸馏水洗净，用滤纸吸干水后安装在电极架上。

② 连接电源线，按下“pH”键，预热 10min。

③ 仪器标定：仪器使用前首先要标定。一般情况下仪器在连续使用时，每天要标定一次。将电极放入标准缓冲溶液 1 中，用温度计测出当前标液温度，按“温度”键，在仪器上设置相同的温度值；待 pH 值读数稳定后，按“定位”键，仪器提示“Std YES”字样，按“确认”键，仪器自动识别并显示当前温度下的标准 pH 值；按“确认”键即完成一点标定（斜率为 100%）。如需要两点标定，则继续下面操作：再次清洗电极，并将电极放入标液 2 中；再次测量标液 2 的温度，设置仪器为相同的温度值；待 pH 值读数稳定后，按“斜率”键，仪器提示“Std YES”字样，按“确认”键，仪器自动识别并显示当前温度下的标准 pH 值，按“确认”键即完成两点标定。

④ 测量：将电极用蒸馏水洗净头部，用滤纸吸干，然后浸入被测溶液中，待溶液搅拌均匀后，测定该溶液的 pH 值。

（2）mV 值的测定

① 把离子选择电极（或金属电极）和参比电极夹在电极架上，用蒸馏水清洗电极头部，再用被测溶液清洗一次，把离子电极的插头插入测量电极插座处，把参比电极接入仪器后部的参比电极接口处。

② 按下“mV”键，把两种电极插在被测溶液内，将溶液搅拌均匀后，即可在显示屏上读出该离子选择电极的电极电位（mV 值），还可自动显示“±”极性。如果被测信号超出仪器的测量范围，仪器将显示“Err”字样。

（3）注意事项

① 电极在测量前必须用已知 pH 值的标准缓冲溶液进行校准，其 pH 值愈接近，被测 pH 值愈好。

② 取下电极护套后，应避免电极的敏感玻璃泡与硬物接触。

③ 测量结束，及时将电极保护套套上，电极套内应放少量外参比补充液，以保持电极球泡的湿润。

④ 复合电极的外参比补充液应高于被测溶液液面 10mm 以上，如果低于被测溶液液面，应及时补充外参比补充液，补充液可以从电极上端小孔加入，复合电极不使用时，拉上橡皮套，防止补充液干涸。

⑤ 第一次使用的 pH 电极或长期停用的 pH 电极，使用前必须在 $3mol\cdot L^{-1}$ KCl 溶液中浸泡 24h。电极应避免长期浸泡在蒸馏水、蛋白质溶液和酸性氟化物溶液中。

仪器9 电导率仪

电导率仪是实验室测量水溶液电导率必备的仪器，它广泛地应用于石油化工、生物医药、污水处理、环境监测、矿山冶炼等行业及高校和科研单位。若配用适当常数的电导电极，还可用于测量电子半导体、核能工业和电厂纯水或超纯水的电导率。

1. **仪器构造**

DDS-11A 型电导率仪的面板如图 3-9-1 所示。

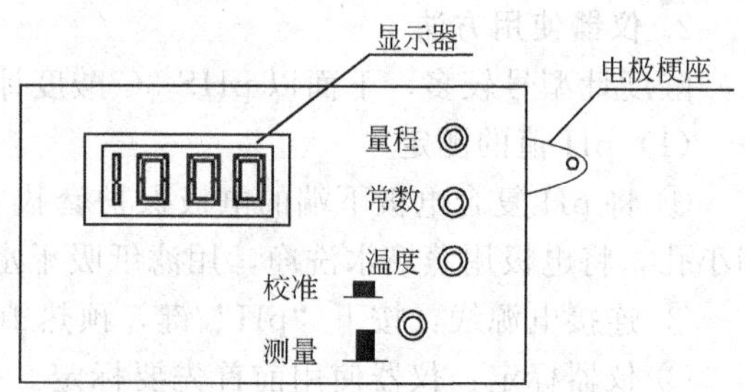

图 3-9-1 DDS-11A 型电导率仪面板图

“量程”选择开关，可选择 2、20、200、2000 及 2×10^4 （$\mu S\cdot cm^{-1}$）五个测量量程挡。“常数”调节器，按所使用电极的常数值，调节至仪器显示值为相应的数值。“温度”调节器即为温度补偿调节器，在测量时将调节旋钮指向被测量溶液的实际温度值的刻度线位置。此时，显示的值是溶液经温度补偿后换算到 25℃时的电导率值。“温度”调节旋钮指向 25℃刻度线位置时，显示的测量值是在该温度下未经温度补偿的原始值。“校准/测量”按钮开关，开关按下时为“校准”，开关向上弹起为“测量”状态。

2. **使用方法**

（1）按电源开关接通电源，预热 10min。

（2）校准：将电导电极插入仪器后面板的电极插座中。按下“校准/测量”按钮，使其处于“校准”状态，调节“常数”调节旋钮，使仪器显示所使用电极的常数标称值。

电导电极的常数通常有 10、1.0、0.1、0.01 四种类型，每种类型电导电极的精确常数值，制造厂均标明在每支电极上。常数调节方法为：

① 电极常数为 1.0 的类型：如电极常数的标称值为 0.95，调节“常数”调节旋钮，使仪器显示值为 950（测量值＝显示值×1）。

② 电极常数为 10 的类型：如电极常数的标称值为 10.7，调节“常数”调节旋钮，使仪器显示值为 1070（测量值＝显示值×10）。

③ 电极常数为 0.1 的类型：如电极常数的标称值为 0.11，调节“常数”调节旋钮，使仪器显示值为 1100（测量值＝显示值×0.1）。

④ 电极常数为 0.01 的类型：如电极常数的标称值为 0.011，调节“常数”调节旋钮，使仪器显示值为 1100（测量值＝显示值×0.01）。

（3）测量

① 根据需要的测量范围，选择正确的电导电极常数（参照表 3-9-1）。

表 3-9-1 电导率测量范围与对应的电导电极常数

电导率测量范围/$\mu S\cdot cm^{-1}$	电导电极常数/cm^{-1}
0～2.0	0.01、0.1
2.0～2.0×10^2	0.1、1.0
2.0×10^2～2.0×10^3	1.0（铂黑）
2.0×10^3～2.0×10^4	1.0（铂黑）、10
2.0×10^4～2.0×10^5	10

② 用温度计测量被测溶液的温度后，将“温度”调节旋钮指向被测溶液的实际温度值的刻度线位置。此时，显示值为经温度补偿后换算得到的25℃时的电导率值。

③ 按下“校准/测量”旋钮，使其处于“测量”状态，将“量程”开关置于合适的量程挡，待仪器显示稳定后，该显示值即为被测量溶液换算到25℃时的电导率值，实际测量结果＝显示读数×电极常数。

测量过程中，若显示屏首位为1，后三位数字熄灭，表示测量值超出量程范围，此时，应将“量程”开关置于高一挡量程来测量，若显示值很小，则应将“量程”开关置于低一挡量程，以保证测量精度。

3. 电极选择原则

光亮电极用于测量较小的电导率（$0\sim1.0\mu S\cdot cm^{-1}$），而铂黑电极用于测量较大的电导率（$10\sim10^5\mu S\cdot cm^{-1}$）。实验中通常用铂黑电极，因为它的表面积比较大，这样降低了电流密度，减少或消除了极化。但在测量低电导率溶液时，铂黑对电解质有强烈的吸附作用，会出现不稳定现象，这时宜用光亮铂电极。电极选择原则见表3-9-2。

表3-9-2 电极选择

量程	电导率/$\mu S\cdot cm^{-1}$	测量频率	配套电极
1	$0\sim0.1$	低周	DJS-1型光亮电极
2	$0\sim0.3$	低周	DJS-1型光亮电极
3	$0\sim1$	低周	DJS-1型光亮电极
4	$0\sim3$	低周	DJS-1型光亮电极
5	$0\sim10$	低周	DJS-1型光亮电极
6	$0\sim30$	低周	DJS-1型铂黑电极
7	$0\sim10^2$	低周	DJS-1型铂黑电极
8	$0\sim3\times10^2$	低周	DJS-1型铂黑电极
9	$0\sim10^3$	高周	DJS-1型铂黑电极
10	$0\sim3\times10^3$	高周	DJS-1型铂黑电极
11	$0\sim10^4$	高周	DJS-1型铂黑电极
12	$0\sim10^5$	高周	DJS-10型铂黑电极

4. 电极的贮存与清洗

(1) 贮存：光亮铂电极必须贮存在干燥的地方，铂黑电极不允许干放，必须浸泡在蒸馏水中。

(2) 清洗

① 电极上有机成分玷污，可用含有洗涤剂的温热水或酒精清洗。

② 钙、镁沉淀物最好用10%柠檬酸冲洗。

③ 光亮电极可以用软毛刷机械清洗，但不能在电极表面产生刻痕，绝对不能使用螺丝起子清除电极表面脏物。

④ 对于铂黑电极只能用化学方法清洗，用软毛刷机械清洗会破坏镀在电极表面的镀层（铂黑），化学方法清洗可能再生被损坏或被轻度污染的铂黑层，应对电极常数重新进行标定。

5. 注意事项

(1) 电极的引线不能潮湿，否则测不准。

(2) 电极应定期进行常数标定。

(3) 高纯水应迅速测量，否则空气中的CO_2溶入水中变为CO_3^{2-}，使电导率迅速增大。

(4) 测定一系列浓度待测液的电导率，应注意按浓度由小到大的顺序逐一测定。

(5) 盛待测液的容器必须清洁，没有离子玷污。

(6) 电极要轻拿轻放，切勿碰触铂黑。

仪器 10　电位差计

原电池的电动势一般是用直流电位差计配以标准电池和检流计来测量的。目前主要使用的有 UJ 系列电位差计和数字电位差计两种。

1. UJ-25 型电位差计

(1) 仪器构造　UJ-25 型电位差计属于高阻电位差计。这种电位差计适用于测量内阻较大的电源电动势，以及较大电阻上的电压降等。由于工作电流小，线路电阻大，所以在测量过程中工作电流变化很小，需要用高灵敏度的检流计。测量时几乎不损耗被测对象的能量，而且测量结果稳定可靠、准确度高。UJ-25 型电位差计测定原电池电动势的装置见图3-10-1。

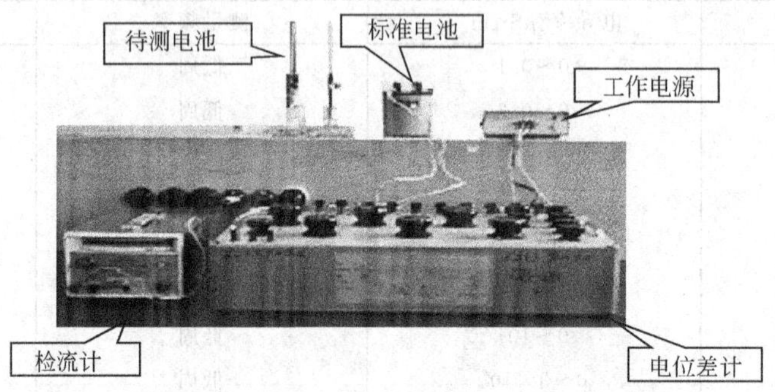

图 3-10-1　UJ-25 型电位差计测定原电池电动势装置示意图

电位差计面板如图 3-10-2 所示。上端按钮可接“工作电池”、“标准电池”、“电计”、“待测电池”和“屏蔽”。左下方有“标准”(N)、“未知”(X_1、X_2)、“断”转换开关，“粗”、“细”、“短路”为电计按钮。右下方是“粗”、“中”、“细”、“微”四个调节工作电流的旋钮。其上方是两个（A、B）标准电动势温度补偿旋钮。左面 6 个大旋钮下方均有 1 个小窗孔，被测电动势值由此读出。UJ-25 型电位差计测电动势的范围上限为 600V，下限为 0.000001V，但当测量 1.911110V 以上电动势时，必须配用分压箱来提高上限。

(2) 使用方法　测量 1.911110V 以下电压的使用方法如下：

① 连接线路：先将（N、X_1、X_2）转换开关放在“断”的位置，并将左下方三个电计按钮（粗、细、短路）全部松开，然后依次接上工作电源、标准电池、检流计以及被测电池(按照正负极性)。

② 计算标准电池电动势的温度校正值：镉汞标准电池，温度校正公式为：

$$E_t = E_0 - 4.06\times10^{-5}(t-20) - 9.5\times10^{-7}(t-20)^2 \tag{3-10-1}$$

式中，E_t为t(℃)时的标准电池电动势；t为环境温度，℃；E_0为标准电池 20 ℃时的电动势。

③ 调节工作电压：调节温度补偿旋钮(A、B)，使数值为校正后的标准电池电动势。将（N、X_1、X_2）转换开关置于 N(标准)位置上，按下“粗”电计旋钮，旋动右下方（粗、

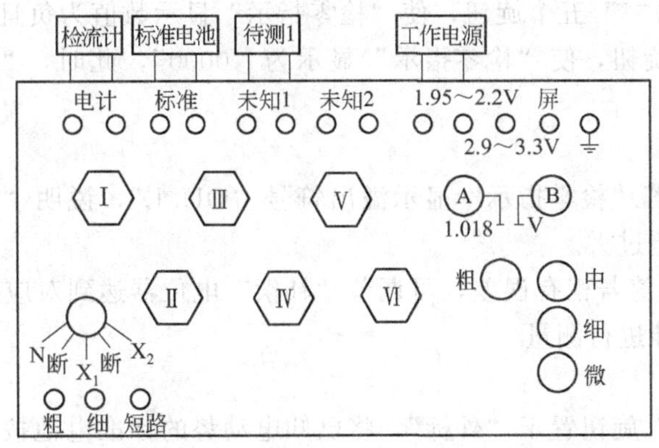

图 3-10-2　UJ-25 型电位差计面板示意图

中、细、微）四个调节旋钮，调节工作电流，使检流计指零。然后再按“细”电计按钮，重复上述操作。注意按电计按钮时，不能长时间按住不放，需“按下”、“松开”交替进行，防止待测电池、标准电池长时间有电流通过。

④ 测量待测电池电动势：将（N，X_1，X_2）转换开关置于 X_1 或 X_2（未知）的位置上，按下“粗”电计按钮，由左向右依次调节六个测量旋钮，使检流计示零。然后再按下“细”电计按钮，重复以上操作使检流计示零。读出六个旋钮下方小孔示数的总和即为电池电动势。

（3）注意事项

① 测量过程中，若发现检流计受到冲击，应迅速按下短路按钮，保护检流计。

② 由于工作电源的电压会发生变化，故在测量过程中要经常微调。另外，新制备的电池电动势也不够稳定，应间隔数分钟测量一次，最后取平均值。

③ 测量时按下电计按钮的时间应尽量短，防止有电流通过而改变电极表面的平衡状态。

④ 测定过程中，如果检流计一直朝一个方向偏转，找不到平衡点，这可能是由于接错了电极的正负号、线路接触不良、导线有断路或工作电源电压不够，应该逐一进行检查。

2. **SDC-Ⅱ数字电位差计**

SDC-Ⅱ数字电位差计是采用对消法（又称补偿法）测量原理，将 UJ 系列电位差计、光电检流计、标准电池等集成一体的测试仪器，既可以使用内部基准进行校准，又可外接标准电池作为基准进行校准，测量准确，操作方便。

（1）开机　用电源线将仪表后面板的电源插座与 220V 电源相接，打开电源开关，预热 15min。

（2）以内标为基准进行测量

① 校验

a. 将“测量选择”旋钮置于“内标”。

b. 将测试线分别插入到测量插孔内，将“10^0”旋钮置于“1”，“补偿”旋钮逆时针旋到底，其他旋钮均置于“0”，此时，“电位指标”显示“1.00000”V，将两测试线短接。

c. 待“检零指示”显示数值稳定后，按一下“采零”键，此时，“检零指示”显示为“0000”。

② 测量

a. 将“测量选择”置于“测量”，用测试线将被测电动势按“＋”、“－”极性与“测量插孔”连接。

b. 调节“10^0～10^{-4}”五个旋钮，使“检零指示”显示数值为负且绝对值最小。

c. 调节“补偿”旋钮，使“检零指示”显示为“0000”，此时，“电位指示”显示数值即为被测电动势的值。

③ 注意事项

a. 测量过程中，若“检零指示”显示溢出符号“OU. L”，说明“电位指示”显示的数值与被测电动势值相差过大。

b. 电阻箱 10^{-4} 挡值若稍有误差，可调节“补偿”电位器达到对应值。

(3) 以外标为基准进行测量

① 校验

a. 将“测量选择”旋钮置于“外标”，将已知电动势的标准电池按“+”、“-”极性与“外标插孔”连接。

b. 调节“10^{-4}～10^0”五个旋钮和补偿旋钮，使“电位指示”显示的数值与外标电池数值相同。

c. 待“检零指示”数值稳定后，按一下“采零”键，此时，“检零指示”显示为“0000”。

② 测量

a. 拔出“外标插孔”的测试线，再用测试线将被测电动势按“+”、“-”极性接入“测量插孔”。

b. 将“测量选择”置于“测量”，调节“10^{-4}～10^0”五个旋钮，使“检零指示”显示数值为负且绝对值最小。

c. 调节“补偿”旋钮，使“检零指示”显示为“0000”，此时，“电位指示”显示数值即为被测电动势的值。

实验结束后关闭电源。

3. 其他配套仪器设备

(1) 标准电池　标准电池的构造如图 3-10-3 所示。电池由一 H 型管构成，负极为含镉 12.5% 的镉汞齐，正极为汞和硫酸亚汞的糊状物，两极之间盛以 $CdSO_4$ 饱和溶液，管的顶端加以密封。

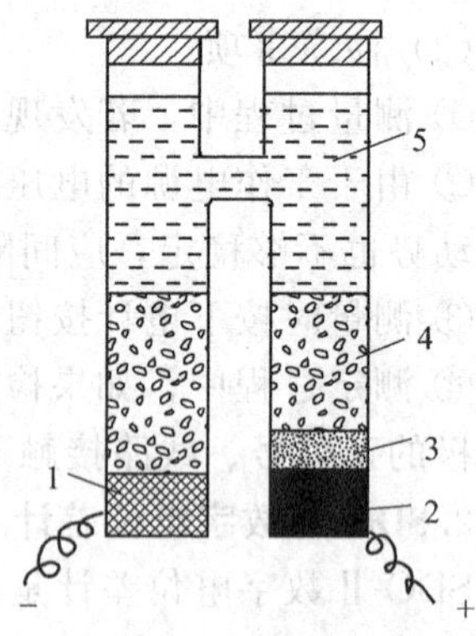

图 3-10-3　标准电池构造图
1—含 12.5% 的镉汞齐；2—汞；3—$Hg\text{-}Hg_2SO_4$ 糊状物；4—$CdSO_4$ 晶体；5—$CdSO_4$ 饱和溶液

电池反应如下：

负极：　$\mathrm{Cd(汞齐)} \longrightarrow Cd^{2+} + 2e^-$

$$Cd^{2+} + SO_4^{2-} + \frac{8}{3}H_2O \longrightarrow CdSO_4 \cdot \frac{8}{3}H_2O(s)$$

正极：　$Hg_2SO_4(s) + 2e^- \longrightarrow 2Hg(l) + SO_4^{2-}$

总反应：$\mathrm{Cd(汞齐)} + Hg_2SO_4 + \frac{8}{3}H_2O \longrightarrow 2Hg(l) + CdSO_4 \cdot \frac{8}{3}H_2O(s)$

标准电池的电动势很稳定，重现性好，20℃时 $E_{20}=1.0186V$，其他温度下的 E_t 可按式 (3-10-1) 计算。

使用标准电池时，注意以下几个方面：

① 使用温度为 4～40℃。

② 正负极不能接错。

③ 不能振荡，不能倒置，携取要平稳。

④ 不能用万用表直接测量标准电池。

⑤ 标准电池只是校验器，不能作为电源使用，测量时间必须短暂，间歇按键，以免电流过大，损坏电池。

⑥ 按规定时间，必须经常进行计量校正。

(2) 甘汞电极　甘汞电极是实验室中常用的参比电极，它具有装置简单、可逆性高、制作方便、电势稳定等优点。其构造是在玻璃容器的底部放入少量汞，然后装汞和甘汞的糊状物，再注入 KCl 溶液，将作为导体的铂丝插入，即构成甘汞电极。

电极表示为：$Hg\text{-}Hg_2Cl_2(s)|KCl(aq)$

电极反应为：$Hg_2Cl_2(s)+2e^- \longrightarrow 2Hg(l)+2Cl^-(aq)$

电极电势为：$\varphi_{甘汞}=\varphi^{\ominus}_{甘汞}-\dfrac{RT}{F}\ln a_{Cl^-}$

甘汞电极的电势随氯离子活度的不同而改变。不同浓度 KCl 溶液的 $\varphi_{甘汞}$ 与温度的关系见表 3-10-1。

表 3-10-1　不同浓度 KCl 溶液的 $\varphi_{甘汞}$ 与温度的关系

c_{KCl}/ mol·L^{-1}	$\varphi_{甘汞}$/V
饱和	$0.2412-7.6\times10^{-4}(t-25)$
1.0	$0.2801-2.4\times10^{-4}(t-25)$
0.1	$0.3337-7.0\times10^{-5}(t-25)$

使用甘汞电极时应注意：甘汞电极在高温时不稳定，一般适用于 70℃ 以下的测量；甘汞电极不宜用在强酸性及强碱性溶液中，因为此时的液接电势较大，而且甘汞可能被氧化；如果被测溶液中不允许含 Cl^-，应避免直接插入甘汞电极，这时应使用双液接甘汞电极；应注意甘汞电极的清洁，不得使灰尘或外离子进入该电极内部；也必须注意不得倾倒或剧烈振动；当电极内 KCl 溶液太少时应及时补充。

(3) 盐桥　当原电池存在两种电解质界面时，便产生液体接界电势，它干扰电池电动势的测定。减小液接电势的办法是两种溶液之间插入盐桥以代替原来的两种溶液的直接接触。

盐桥是由琼脂和饱和盐溶液构成的。一般饱和盐溶液中阳、阴离子迁移率都接近 0.5，最常使用的有：饱和 KCl 溶液、饱和 KNO_3 溶液及饱和 NH_4NO_3 溶液。

琼脂-饱和 KCl 盐桥的制法：烧杯中加入 3g 琼脂和 97mL 蒸馏水，使用水浴加热法将琼脂加热至完全溶解。然后加入 30g KCl 充分搅拌，KCl 完全溶解后趁热用滴管或虹吸将此溶液加入 U 形玻璃管中，静置，待琼脂凝结后便可使用。若无琼脂，也可以用棉花将内装有 KCl 饱和溶液的 U 形管两端塞住来代替盐桥。

饱和 KCl 盐桥不能用于含 Ag^+、Hg^{2+} 等与 Cl^- 反应的溶液。NH_4NO_3 盐桥和 KNO_3 盐桥在许多溶液中都能使用，但它与通常使用的各种电极无共同离子，因而在使用时会改变参考电极的浓度和引入外来离子，从而可能改变参考电极的电势。另外在含有高浓度酸、氨的溶液中不能使用琼脂盐桥。

(4) 检流计　检流计常用来检查电路中有无电流通过。AC19 型检流计的使用方法如下：

① 接通电源，应使电源开关所指示的电压与所使用的电源电压一致；

② 旋转零点调节器，将光点准线调至零位；

③ 用导线将输入接线柱与电位差计“电计”接线柱接通；

④ 测量时先将分流器开关旋至最低灵敏度档，然后逐渐增大灵敏度进行测量（“直接”挡灵敏度最高）；

⑤ 在测量中如果光点剧烈摇晃时，可按电位差计“短路”键，使其受到阻尼作用而停止；

⑥ 实验结束时或移动检流计时，应将分流器开关置于“短路”，以防止损坏检流计。

仪器 11 旋光仪

1. 基本原理

许多物质具有旋光性，如石英晶体、酒石酸晶体、蔗糖、葡萄糖、果糖溶液等。当平面偏振光线通过具有旋光性的物质时，它们可将偏振光的振动面旋转某一角度，使偏振光的振动面向左旋的物质称左旋物质，向右旋的物质称为右旋物质。因此通过测定物质旋光度的方向和大小可以鉴定物质。

(1) 旋光度与浓度的关系　旋光物质的旋光度，除了取决于旋光物质的本性外，还与测定温度、光经过物质的厚度、光源的波长等因素有关，若被测物质是溶液，当光源波长、温度和厚度恒定时，其旋光度与溶液的浓度成正比。

① 物质的旋光度与浓度。先将已知浓度的样品按一定比例稀释成若干不同浓度 c 的试样，分别测出其旋光度 α。然后以浓度为横坐标，旋光度为纵坐标，绘成 c-α 曲线。然后取未知浓度的样品测其旋光度，根据旋光度的 c-α 曲线，查出该样品的浓度。

② 物质的比旋光度与浓度。物质的旋光度由于实验条件的不同有很大的差异，所以提出了物质的比旋光度。规定以钠光 D 线作为光源，温度为 20℃，样品管长为 $L=10\text{cm}$，浓度为每立方厘米中含有 1g 旋光物质，此时所产生的旋光度，即为该物质的比旋光度，通常用符号 $[\alpha]_t^{\text{D}}$ 表示，D 表示光源，t 表示温度。

$$[\alpha]_t^{\text{D}}=\frac{10\alpha}{Lc} \tag{3-11-1}$$

比旋光度是度量旋光物质旋光能力的常数。根据被测物质的比旋光度，可以测出该物质的浓度，其方法如下：

a. 从手册上查出被测物质的比旋光度。

b. 选择一定长度的旋光管。

c. 在 20℃时测出未知浓度样品的旋光度，代入式 (3-11-1) 即可求出浓度 c。

(2) WZZ-3 型自动旋光仪的构造　WZZ-3 型自动旋光仪的结构如图 3-11-1 所示。该仪器用 20W 钠光灯为光源，并通过可控硅自动触发恒流电源点燃。光线通过聚光镜、小孔光栅和物镜后形成一束平行光，然后经过起偏镜后产生平行 偏振光，这束偏振光经过有法拉第效应的磁旋线圈时，其振动面产生 50Hz 的一定角度的往复振动，该偏振光线通过检偏镜透射到光电倍增管上，产生交变的光电讯号。当检偏镜的透光面与偏振光的振动面正交时，即为仪器的光学零点，此时出现平衡指示。而当偏振光通过一定旋光度的测试样品时，偏振光的振动面转过角度 α，此时光电讯号就能驱动工作频率为 50Hz 的伺服电机，通过涡轮杆带动检偏镜转动角 α 而使仪器回到光学零点，此时读数盘上的示值即为所测物质的旋光度。

2. 使用方法

(1) 打开仪器电源开关，钠灯启辉，5min 后，将光源开关向上拨至直流位置（若灯熄

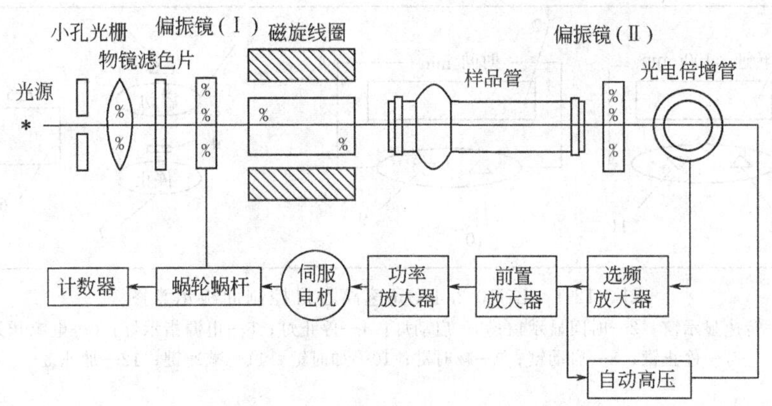

图 3-11-1　WZZ-3 型自动旋光仪结构示意图

灭，将光源开关上下重复扳动 1～2 次，使钠光灯在直流下点亮）。

（2）按回车键，显示出厂默认值，有：MODE1（表示测旋光度）；L 2.0（表示试管长度为 2dm）；c（表示样品浓度）；n（表示自动复测次数）。若无需修改，按“测量”键，显示“0.00”作一般旋光仪使用。若需修改模式，请注意光标“—”位置，可作修改。输入数字后，按回车键。

（3）调零：将装有蒸馏水或其他空白溶剂的试管放入样品室，盖上箱盖，按“清零”键。试管中若有气泡，应先让气泡浮在凸颈处，通光面两端的雾状水滴，应用软布揩干。试管螺帽不宜旋得过紧，以免产生应力，影响读数。试管安放时应注意标记的位置和方向。

（4）测样：取出试管，将待测样品注入试管中，按相同的位置和方向放入样品室内，盖好箱盖，仪器将显示出该样品的旋光度。仪器自动复测 n 次，得到 n 个读数并显示平均值及 σ_{n-1} 值（σ_{n-1} 对 $n=6$ 有效）。如果 n 设定为 1，可用复测键手动复测，在 $n>1$，按“复测”键时，仪器将重新测试。如样品超过测量范围，仪器将在 $\pm 45°$ 处来回振荡。此时，取出试管，仪器即自动转回零位，可稀释样品后重测。

（5）仪器使用完毕后，应依次关闭光源和电源开关。

3. 注意事项

（1）仪器应放于干燥通风处，防止潮气侵蚀，搬动时应小心轻放，避免振动。钠光灯使用时间不宜过长。

（2）每次测量前，请按“清零”键。仪器回零后，若回零误差小于 0.01°旋光度，无论 n 是多少，只回零一次。

（3）旋光仪是比较精密的光学仪器，使用时，仪器金属部分切忌沾上酸碱，防止腐蚀。

（4）光学镜片部分不能与硬物接触，以免损坏镜片。

（5）不能随便拆卸仪器，以免影响精度。

仪器 12　高速离心机

1. 离心机构造

LG10-2.4A 型高速离心机控制面板如图 3-12-1 所示。

2. 使用方法

（1）运转前检查　检查电源电压和电流（保险）是否符合要求，确保转头安装到位，转

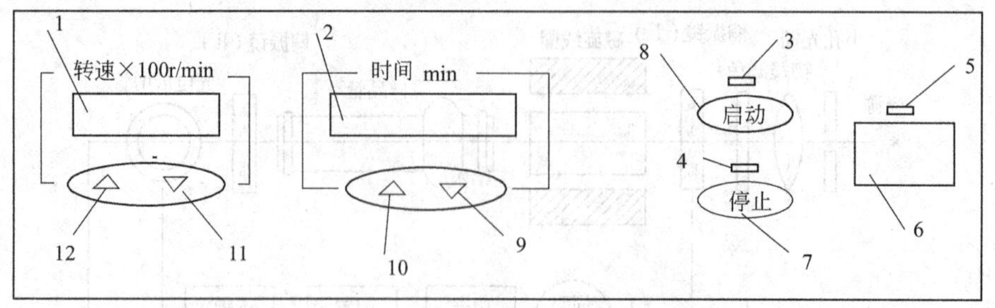

图 3-12-1 LG10-2.4A 高速离心机控制面板示意图

1—转速显示窗；2—时间显示窗；3—启动灯；4—停止灯；5—电源指示灯；6—电源开关；7—停止键；8—启动键；9—减时键；10—加时键；11—减速键；12—加速键

动灵活，金属件无腐蚀痕迹，同时检查固定转头的锁母是否旋紧，检查离心腔、驱动轴和转头的安装表面，确保清洁，检查分离物与转头、试管的化学相溶性，确保试样等重配平，对称放置。严禁在不平衡量大于 3g 的状态下进行运转，试液密度≤1.2 g·cm^{-3}。

(2) 试样平衡 用专用天平将所分离的试样称重配平（最大质量差≤3g），并对称放置于转头。单份试样可用水与之配平，并对称放置。试管内所放试样的液面，不能超出试管“最大使用容量”刻线，以防止飞液。

(3) 离心机操作

① 按住机器右侧的手柄，打开离心机上盖，正确安装转头并紧固后，对称装上已配平的试样（最大质量差≤3g），盖好机器上盖，并锁住。

② 接通电源，电源指示灯 5 亮，停止灯 4 亮，转速显示窗 1 闪烁显示数字“000”，时间显示窗 2 显示数字“000”。

③ 设置转速，按住或点动加速键 12 或减速键 11，根据需要设置相应转速。转速显示窗闪烁显示预置转速，启动后，自动显示实际转速。

④ 设置定时，按住或点动加时键 10 或减时键 9，按要求设置定时时间。按启动键 8，机器开始运转，启动灯 3 亮，停止灯 4 灭，转速显示窗 1 停止闪烁后，显示实际转速。经短时间后，机器自动平稳地达到预置转速。

(4) 停机 时间显示窗倒计时显示“000”，自动停机，停止灯亮，启动灯灭。当转速显示窗显示“000”时，机器发出“哗、哗”鸣叫提醒声。此时，转速显示窗开始闪烁显示上次启动前的预置转速，时间显示窗显示上次启动前的定时时间。

运转中停机：按停止键，停机，停止灯亮，启动灯灭。当转速显示窗显示“000”，同时机器发出“哗、哗”鸣叫声后，方可开盖，取出试样。如下次继续分离同类样品，所需转速、定时相同时，不关电源的情况下，重新按“启动”键即可。

运行完毕，向下按电源开关，机器断电。

3. 注意事项

(1) 严禁转头超速运转，严禁在不平衡量大于 3g 的状态下工作。

(2) 试管内所盛放试样不允许超过试管“最大使用容量”刻度线，以防飞液。

(3) 每次运转前，必须检查固定转头的锁母是否旋紧。

(4) 如果发生故障，应立即切断电源。

仪器 13　测量显微镜

1. 仪器构造

测量显微镜是光学计量仪器之一，它的构造简单，操作方便。JLC 型测量显微镜的构造见图 3-13-1。它在直角坐标系中进行长度测量，见图 3-13-2。

外界光线通过反光镜而垂直向上反射，与测量工作台上之被测件相遇，所照亮的工件由物镜放大经过转向棱镜而成像在分划板上，经过目镜而进入观察者的眼中。

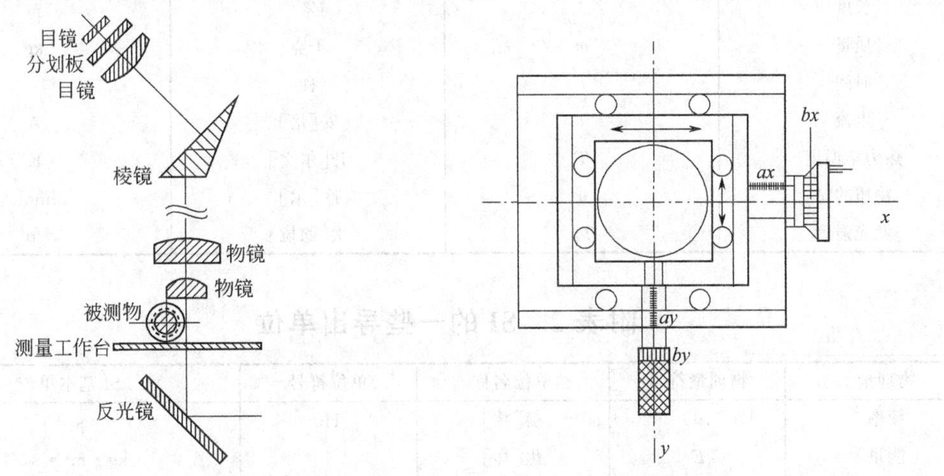

图 3-13-1　JLC 型测量显微镜构造原理示意图　　图 3-13-2　JLC 型测量显微镜的长度测量原理示意图

2. 使用方法

(1) 将被测物件牢固地安置在测量工作台上后，开始转动显微镜调焦手轮，得到清晰的视场；使目镜中的十字分划丝与被测原始基准（包括点、线、面）相重合，记下 x 和 y 轴示值（ax 和 ay 为 1mm/格；bx 和 by 为 0.01mm/格），是为初读数 x_0 和 y_0。

(2) 旋转测微器，视场移动，再使目镜中十字分划丝与所求测距的基准（包括点、线、面）相重合，记下 x 轴和 y 轴的示值，是为测量读数 x_1 和 y_1。通过 x_0、y_0 与 x_1、y_1 就可以计算出所要测量的数据。

3. 注意事项

(1) 随使用者眼睛视线，应预先调节目镜，使见到清晰的十字分划丝。

(2) 显微镜调焦时，先调整镜筒使物镜接近工作表面，然后逐渐远离，直至见到清晰图像为止。

(3) 转动测微手轮进行测量时，应朝同一方向运动，以免由于其他因素产生空位，影响测量精度。

(4) 作精密测定时必须维持温度变化范围在 (20±5)℃ 以内。

附录2 物理化学实验常用数据表

附表1 国际单位制（SI）的基本单位

物理量	物理量符号	单位名称	单位符号
长度	l	米	m
质量	m	千克	kg
时间	t	秒	s
电流	I	安[培]	A
热力学温度	T	开[尔文]	K
物质的量	n	摩[尔]	mol
发光强度	I_v	坎[德拉]	cd

附表2 SI的一些导出单位

物理量	物理量符号	单位名称	单位符号	SI基本单位
频率	ν	赫[兹]	Hz	s^{-1}
能量	E	焦[耳]	J	$kg \cdot m^2 \cdot s^{-2}$
力	F	牛[顿]	N	$kg \cdot m^{-1} \cdot s^{-2} = N \cdot m^{-2}$
压力	p	帕[斯卡]	Pa	$kg \cdot m \cdot s^{-2} = J \cdot m^{-1}$
功率	P	瓦[特]	W	$kg \cdot m^2 \cdot s^{-3} = J \cdot s^{-1}$
电量;电荷	Q	库[仑]	C	$s \cdot A$
电位;电压;电动势	U	伏[特]	V	$kg \cdot m^2 \cdot s^{-3} \cdot A^{-1} = J \cdot A^{-1} \cdot s^{-1}$
电阻	R	欧[姆]	Ω	$kg \cdot m^2 \cdot s^{-3} \cdot A^{-2} = V \cdot A^{-1}$
电导	G	西[门子]	S	$kg^{-1} \cdot m^{-2} \cdot s^3 \cdot A^2 = \Omega^{-1}$
电容	C	法[拉]	F	$A^2 \cdot s^4 \cdot kg^{-1} \cdot m^{-2} = A \cdot s \cdot V^{-1}$
电场强度	E	伏特每米	$V \cdot m^{-1}$	$m \cdot kg \cdot s^{-3} \cdot A^{-1}$
黏度	η	帕斯卡秒	$Pa \cdot s$	$m^{-1} \cdot kg \cdot s^{-1}$
表面张力	σ	牛顿每米	$N \cdot m^{-1}$	$kg \cdot s^{-2}$
密度	ρ	千克每立方米	$kg \cdot m^{-3}$	$kg \cdot m^{-3}$
比热容	c	焦耳每千克每开	$J \cdot (kg \cdot K)^{-1}$	$m^2 \cdot s^{-2} \cdot K^{-1}$
熵	S	焦耳每开	$J \cdot K^{-1}$	$m^2 \cdot kg \cdot s^{-2} \cdot K^{-1}$

附表3 希腊字母表

大写	小写	名称	大写	小写	名称
Α	α	alpha	Ε	ε	epsilon
Β	β	beta	Ζ	ζ	zeta
Γ	γ	gamma	Η	η	eta
Δ	δ	delta	Θ	θ	theta
Ι	τ	iota	Ρ	ρ	rho

续表

大写	小写	名称	大写	小写	名称
Κ	κ	kappa	Σ	σ	sigma
Λ	λ	lambda	Τ	τ	tau
Μ	μ	mu	Υ	υ	upsilon
Ν	ν	nu	Φ	φ	phi
Ξ	ξ	xi	Χ	χ	chi
Ο	ο	omicron	Ψ	ψ	psi
Π	π	pi	Ω	ω	omega

附表 4　常用元素的原子量

原子序号	名　称	符　号	原子量	原子序号	名　称	符　号	原子量
1	氢	H	1.0079	31	镓	Ga	69.72
2	氦	He	4.00260	32	锗	Ge	72.59
3	锂	Li	6.941	33	砷	As	74.9216
5	硼	B	10.81	34	硒	Se	8.96
6	碳	C	12.011	35	溴	Br	79.904
7	氮	N	14.0067	36	氪	Kr	83.80
8	氧	O	15.9994	37	铷	Sr	87.62
9	氟	F	18.99840	41	铌	Nb	2.9064
10	氖	Ne	20.179	42	钼	Mo	95.94
11	钠	Na	22.98977	45	铑	Rh	102.9055
12	镁	Mg	24.305	47	银	Ag	107.868
13	铝	Al	26.98154	48	镉	Cd	112.41
14	硅	Si	28.0855	50	锡	Sn	118.69
15	磷	P	30.97376	51	锑	Sb	121.75
16	硫	S	32.06	52	碲	Te	127.60
17	氯	Cl	35.453	53	碘	I	126.9045
18	氩	Ar	39.948	54	氙	Xe	131.30
19	钾	K	39.098	56	钡	Ba	137.33
20	钙	Ca	40.08	57	镧	La	138.9055
22	钛	Ti	47.90	73	钽	Ta	180.9479
23	钒	V	50.9415	74	钨	W	183.85
24	铬	Cr	51.996	77	铱	Ir	192.22
25	锰	Mn	54.9380	78	铂	Pt	195.09
26	铁	Fe	55.847	79	金	Au	196.9665
27	钴	Co	58.9332	80	汞	Hg	200.59
28	镍	Ni	58.70	82	铅	Pb	207.2
29	铜	Cu	63.546	88	镭	Ra	226.0254
30	锌	Zn	65.38	92	铀	U	238.029

附表 5　常用物理化学常数

常数名称	符号	数值	SI 单位制
普朗克常数	h	6.626196	10^{-34} J·s
阿伏加德罗常数	L	6.022169	10^{23} mol^{-1}
法拉第常数	F	96487	C·mol^{-1}
玻尔半径	d_0	5.2917715	10^{-11}m
摩尔气体常数	R	8.31434	J·mol^{-1}·K^{-1}
玻兹曼常数	k	1.380622	10^{-23} J·K^{-1}
真空中光速	c	2.99792458	10^{8} m·s^{-1}
电子电荷	e	1.6021917	10^{-19} C
电子静止质量	m_e	9.109558	10^{-31} kg
质子质量	m_p	1.6726231	10^{-27}kg
重力加速度	g	9.80665	m·s^{-2}
真空介电常数	ε_0	8.854187817	10^{-12} F·m^{-1}

附表 6　一些有机化合物的标准摩尔燃烧热

（标准压力 $p^{\ominus}$＝100 kPa，298.15 K）

名称	化学式	$-\Delta_c H_m^{\ominus}$/ kJ·mol^{-1}	名称	化学式	$-\Delta_c H_m^{\ominus}$/ kJ·mol^{-1}
蔗糖	$C_{12}H_{22}O_{11}$(s)	5640.9	苯甲酸	C_6H_5COOH (s)	3226.9
萘	$C_{10}H_8$(s)	5153.9	苯酚	C_6H_5OH (s)	3053.5
甲醇	CH_3OH (l)	726.51	正已烷	C_6H_{14}(l)	4163.1
乙醇	C_2H_5OH (l)	1366.8	甲醛	HCHO (g)	570.8
甘油	$(CH_2OH)_2CHOH$ (l)	1661.0	甲酸	HCOOH (l)	254.6
苯	C_6H_6(l)	3267.5	乙酸	CH_3COOH (l)	874.5
乙炔	C_2H_2(g)	1299.6	丙酮	$(CH_3)_2CO$ (l)	1790.4
乙烯	C_2H_4(g)	1411.0	邻苯二甲酸	$C_6H_4(COOH)_2$(s)	3223.5
甲烷	CH_4(g)	890.31	尿素	NH_2CONH_2(s)	631.7

附表 7　一些无机化合物的标准溶解热

化合物	$\Delta_{sol}H_m$/ kJ·mol^{-1}	化合物	$\Delta_{sol}H_m$/ kJ·mol^{-1}
$AgNO_3$	22.47	KI	20.50
$BaCl_2$	−13.22	KNO_3	34.73
$Ba(NO_3)_2$	40.38	MgCl	−155.06
$Ca(NO_3)_2$	−18.87	$Mg(NO_3)_2$	−85.48
$CuSO_4$	−73.26	$MgSO_4$	−91.21
KBr	20.04	$ZnCl_2$	−71.46
KCl	17.24	$ZnSO_4$	−81.38

注：298.15 K，标准状态下 1 mol 纯物质溶于水生成 1mol·L^{-1}的理想溶液过程的热效应。

附表 8　不同温度下 KCl 的溶解热

t/℃	$\Delta_{sol}H_m$ / kJ·mol^{-1}	t/℃	$\Delta_{sol}H_m$ / kJ·mol^{-1}
0	22.008	18	18.602
1	21.786	19	18.443
2	21.556	20	18.297
3	21.351	21	18.146
4	21.142	22	17.995
5	20.941	23	17.849
6	20.740	24	17.702
7	20.543	25	17.556
8	20.338	26	17.414
9	20.163	27	17.272
10	19.979	28	17.138
11	19.794	29	17.004
12	19.623	30	16.874
13	19.447	31	16.740
14	19.276	32	16.615
15	19.100	33	16.493
16	18.933	34	16.372
17	18.765	35	16.259

注：1mol KCl 溶于 200mol 水中的积分溶解热。

附表 9　部分无机化合物的脱水温度

水合物	脱水	t/℃
$CuSO_4·5H_2O$	$-2H_2O$	85
	$-4H_2O$	115
	$-5H_2O$	230
$CaCl_2·6H_2O$	$-4H_2O$	30
	$-6H_2O$	200
$CaSO_4·2H_2O$	$-1.5H_2O$	128
	$-2H_2O$	163
$Na_2B_4O_7·10H_2O$	$-8H_2O$	60
	$-10H_2O$	320

附表 10　不同温度下水的密度

t/℃	$10^{-3}\rho$/ kg·m^{-3}	t/℃	$10^{-3}\rho$/ kg·m^{-3}
0	0.99987	5	0.99999
1	0.99993	6	0.99997
2	0.99997	7	0.99997
3	0.99999	8	0.99988
4	1.00000	9	0.99978

续表

t/℃	$10^{-3}\rho$/ kg·m^{-3}	t/℃	$10^{-3}\rho$/ kg·m^{-3}
10	0.99973	35	0.99406
11	0.99963	36	0.99371
12	0.99952	37	0.99336
13	0.99940	38	0.99299
14	0.99927	39	0.99262
15	0.99913	40	0.99224
16	0.99897	41	0.99186
17	0.99880	42	0.99147
18	0.99862	43	0.99107
19	0.99843	44	0.99066
20	0.99823	45	0.99025
21	0.99802	46	0.99982
22	0.99780	47	0.98940
23	0.99756	48	0.98896
24	0.99732	49	0.98852
25	0.99707	50	0.98807
26	0.99681	51	0.98762
27	0.99654	52	0.98715
28	0.99626	53	0.98669
29	0.99597	54	0.98621
30	0.99567	55	0.98573
31	0.99537	60	0.98324
32	0.99505	65	0.98059
33	0.99473	70	0.97781
34	0.99440	75	0.97489

附表 11　部分有机化合物的密度

化合物	ρ_0	α	β	γ	温度范围/℃
四氯化碳	1.63255	−1.9110	−0.690	—	0～40
氯仿	1.52643	−1.8563	−0.5309	−8.81	−53～55
乙醚	0.73629	−1.1138	−1.237	—	0～70
乙醇	0.78506(t_0=25℃)	−0.8591	−0.56	−5	—
乙酸	1.0724	−1.1229	0.0058	−2.0	9～100
丙酮	0.81248	−1.1000	−0.858	—	0～50
异丙醇	0.80140	−0.8090	−0.27	—	0～25
正丁醇	0.82390	−0.6990	−0.32	—	0～47
乙酸甲酯	0.95932	−1.2710	−0.405	−6.00	0～100
乙酸乙酯	0.92454	−1.1680	−1.95	20	0～40
环己烷	0.79707	−0.8879	−0.972	1.55	0～65
苯	0.90005	−1.0638	−0.0376	−2.213	11～72

注：表中有机化合物的密度可用方程式 $\rho_t=\rho_0+10^{-3}\alpha(t-t_0)+10^{-6}\beta(t-t_0)^2+10^{-9}\gamma(t-t_0)^3$ 计算。式中，ρ_0 为 $t=0$℃时的密度，单位：g·cm^{-3}。

附表 12　几种溶剂的凝固点降低常数

溶剂	纯溶剂的凝固点/℃	k_f/ K·mol^{-1}·kg
水	0	1.86
醋酸	16.6	3.90
苯	5.533	5.12
对二氧六环	11.7	4.71
环已烷	6.54	20.0
溴仿	7.8	14.4
萘	80.2	6.9

注：k_f是指 1 mol 溶质溶解在 1000 g 溶剂中的凝固点降低常数。

附表 13　不同温度下水的饱和蒸气压

t/℃	p/Pa	t/℃	p/Pa	t/℃	p/Pa	t/℃	p/Pa
−10	286.51	24	2983.35	50	12333.6	76	40183.3
−5	421.70	25	3167.20	51	12958.9	77	41876.4
0	610.48	26	3360.91	52	13610.8	78	43636.3
1	656.74	27	3564.90	53	14292.1	79	45462.8
2	705.81	28	3779.55	54	15000.1	80	47342.6
3	757.94	29	4005.39	55	15737.3	81	49289.1
4	713.40	30	4242.84	56	16505.3	82	51315.6
5	872.33	31	4492.28	57	17307.9	83	53408.8
6	934.99	32	4754.66	58	18142.5	84	55568.6
7	1001.65	33	5030.11	59	19011.7	85	57808.4
8	1072.58	34	5319.28	60	19915.6	86	60114.9
9	1147.77	35	5622.86	61	20855.6	87	62488.0
10	1227.76	36	5941.23	62	21834.1	88	64941.1
11	1312.42	37	6275.07	63	22848.7	89	67474.3
12	1402.28	38	6625.04	64	23906.0	90	70095.4
13	1497.34	39	6991.67	65	25003.2	91	72800.5
14	1598.13	40	7375.91	66	26143.1	92	75592.2
15	1704.92	41	7778.0	67	27325.7	93	78473.3
16	1817.71	42	8199.3	68	28553.6	94	81446.4
17	1937.17	43	8639.3	69	29328.1	95	84512.8
18	2063.42	44	9100.6	70	31157.4	96	87675.2
19	2196.75	45	9583.2	71	32517.2	97	90934.9
20	2337.80	46	10085.8	72	33943.8	98	94294.7
21	2486.46	47	10612.4	73	35423.7	99	97757.0
22	2643.38	48	11160.4	74	36956.9	100	101324.7
23	2808.83	49	11735.0	75	38543.4	101	105000.4

附表 14　部分有机化合物的蒸气压

名称	分子式	温度范围/℃	A	B	C
四氯化碳	CCl_4	—	6.87926	1212.021	226.41
氯仿	$CHCl_3$	−30～150	6.90328	1163.03	227.4
甲醇	CH_4O	−14～65	7.89750	1474.08	229.13
1,2-二氯乙烷	$C_2H_4Cl_2$	−31～99	7.02530	1271.3	222.9
乙酸	$C_2H_4O_2$	0～36 36～170	7.80307 7.18807	1651.2 1416.7	225 211
乙醇	C_2H_6O	−2～100	8.32109	1718.10	237.52
丙酮	C_3H_6O	−30～150	7.02447	1161.0	224
异丙醇	C_3H_8O	0～101	8.11778	1580.92	219.61
乙酸乙酯	$C_4H_8O_2$	−20～150	7.09808	1238.71	217.0
正丁醇	$C_4H_{10}O$	15～131	7.47680	1362.39	178.77
苯	C_6H_6	−20～150	6.90561	1211.033	220.790
环己烷	C_6H_{12}	20～81	6.84130	1210.53	222.65
甲苯	C_7H_8	−20～150	6.95464	1344.80	219.482
乙苯	C_8H_{10}	26～164	6.95719	1424.255	213.21

注：表中各化合物的蒸气压 p 可用 $\lg p = A - \frac{B}{C+t} + D$ 计算。式中，A，B，C 为三常数；t 为温度，℃；D 为压力单位的换算因子，其值为 2.1249，单位：Pa。

附表 15　某些液体的折射率（25℃）

名称	n_D^{25}	名称	n_D^{25}
乙醇	1.359	四氯化碳	1.459
环己烷	1.4235	醋酸	1.370
异丙醇	1.3752	甲苯	1.494
乙酸乙酯	1.370	苯	1.498
丙酮	1.357	苯乙烯	1.545
甲醇	1.326	溴苯	1.557
正己烷	1.372	苯胺	1.583
1-丁醇	1.397	溴仿	1.587
氯仿	1.444	正丁酸	1.396
乙醚	1.352	乙苯	1.493

附表 16　水在不同温度下的折射率、黏度和介电常数

t/℃	n_D	$10^3\eta$/ $kg \cdot m^{-1} \cdot s^{-1}$	ε
0	1.33395	1.7702	87.74
5	1.33388	1.5108	85.76
10	1.33369	1.3039	83.83
15	1.33339	1.1374	81.95
17	1.33324	1.0828	—
19	1.33307	1.0299	—

续表

t/℃	n_D	$10^3\eta$/ $kg\cdot m^{-1}\cdot s^{-1}$	ε
20	1.33300	1.0019	80.10
21	1.33290	0.9764	79.73
22	1.33280	0.9532	79.38
23	1.33271	0.9310	79.02
24	1.33261	0.9100	78.65
25	1.33250	0.8903	78.30
26	1.33240	0.8703	77.94
27	1.33229	0.8512	77.60
28	1.33217	0.8328	77.24
29	1.33206	0.8145	76.90
30	1.33194	0.7973	76.55
35	1.33131	0.7190	74.83
40	1.33061	0.6526	73.15
45	1.32985	0.5972	71.51
50	1.32904	0.5468	69.91

注:黏度单位为 $N\cdot s\cdot m^{-2}$ 或 $kg\cdot m^{-1}\cdot s^{-1}$ 或 $Pa\cdot s$(帕·秒)。

附表 17　常压下共沸物的沸点和组成

共沸物		各组分的沸点/℃		共沸物的性质	
组分 A	组分 B	组分 A	组分 B	沸点/℃	A 的质量分数/%
乙酸乙酯	乙醇	77.1	78.3	71.8	69.0
乙醇	水	78.3	100	78.1	95.6
苯	乙醇	80.1	78.3	67.9	68.3
环己烷	乙醇	80.8	78.3	64.8	70.8
正己烷	乙醇	68.9	78.3	58.7	79.0
乙酸乙酯	环己烷	77.1	80.7	71.6	56.0
异丙醇	环己烷	82.4	80.7	69.4	32.0

附表 18　金属混合物的熔点

单位:℃

金属		金属(Ⅱ)质量分数×100										
Ⅰ	Ⅱ	0	10	20	30	40	50	60	70	80	90	100
Pb	Sn	326	295	276	262	240	220	190	185	200	216	232
	Sb	326	250	275	330	395	440	490	525	560	600	632
Sb	Bi	632	610	590	575	555	540	520	470	405	330	268
	Zn	632	555	510	540	570	565	540	525	510	470	419

附表 19 水溶液中一些阳离子的迁移数（25℃）

电解质	溶液浓度 c/mol·L^{-1}				
	0.01	0.05	0.10	0.50	1.00
HCl	0.8251	0.8292	0.8314	—	—
H_2SO_4(18℃)	0.825	0.828	0.825	0.825	—
LiCl	0.3289	0.3211	0.3168	0.300	0.287
NaCl	0.3918	0.3876	0.3854	—	—
KCl	0.4902	0.4899	0.4898	0.4888	0.4882
KNO_3	0.5084	0.5093	0.5103	—	—
$AgNO_3$	0.4648	0.4664	0.4682	—	—
$BaCl_2$	0.440	0.4317	0.4253	0.3980	0.3792
$LaCl_3$	0.4625	0.4482	0.4375	0.3958	—

附表 20 不同温度下 KCl 水溶液的电导率

温度/℃	1.0000mol·L^{-1}	0.1000mol·L^{-1}	0.0200mol·L^{-1}	0.0100mol·L^{-1}
0	0.06541	0.00715	0.001521	0.000776
5	0.07414	0.00822	0.001752	0.000896
10	0.08319	0.00933	0.001994	0.001020
15	0.09252	0.01048	0.002243	0.001147
18	0.09822	0.01119	0.002397	0.001225
20	0.10207	0.01167	0.002501	0.001278
21	0.10400	0.01191	0.002553	0.001305
22	0.10594	0.01215	0.002606	0.001332
23	0.10789	0.01239	0.002659	0.001359
24	0.10984	0.01264	0.002712	0.001386
25	0.11180	0.01288	0.002765	0.001413
26	0.11377	0.01313	0.002819	0.001441
27	0.11574	0.01337	0.002873	0.001468
28	—	0.01362	0.002927	0.001496
29	—	0.01387	0.002981	0.001524
30	—	0.01412	0.003036	0.001552
35	—	0.01539	0.003312	—

注：电导率 κ 的单位为 S·cm^{-1}。

附表 21 一些离子的无限稀释摩尔电导率

离子	$10^4\Lambda_m^\infty$/ s·m^2·mol^{-1}			
	0℃	18℃	25℃	50℃
H^+	225	315	349.8	464
K^+	40.7	63.9	73.5	114
Na^+	26.5	42.8	50.1	82
NH_4^+	40.2	63.9	74.5	115
Ag^+	33.1	53.5	61.9	101

离子	$10^4\Lambda_m^\infty$ / $s\cdot m^2\cdot mol^{-1}$			
	0℃	18℃	25℃	50℃
$1/2Ba^{2+}$	34.0	54.6	63.6	104
$1/2Ca^{2+}$	31.2	50.7	59.8	96.2
$1/2Pb^{2+}$	37.5	60.5	69.5	—
OH^-	105	171	198.3	284
Cl^-	41.0	66.0	76.3	116
NO_3^-	40.0	62.3	71.5	104
CH_3COO^-	20.0	32.5	40.9	67
$1/2SO_4^{2-}$	41	68.4	80.0	125
F^-	—	47.3	55.4	—

附表 22 标准电极电势及温度系数（25℃）

电极	电极反应	φ/ V	$d\varphi/dT$/ $mV\cdot K^{-1}$
Ag^+，Ag	$Ag+e^-$ ══ Ag	0.7991	−1.000
AgCl，Ag，Cl^-	$AgCl+e^-$ ══ $Ag+Cl^-$	0.2224	−0.658
AgI，Ag，I^-	$AgI+e^-$ ══ $Ag+I^-$	−0.151	−0.284
Cd^{2+}，Cd	$Cd^{2+}+2e^-$ ══ Cd	−0.403	−0.093
Cl_2，Cl^-	Cl_2+2e^- ══ $2Cl^-$	1.3595	−1.260
Cu^{2+}，Cu	$Cu^{2+}+2e^-$ ══ Cu	0.337	0.008
Fe^{2+}，Fe	$Fe^{2+}+2e^-$ ══ Fe	−0.440	0.052
Mg^{2+}，Mg	$Mg^{2+}+2e^-$ ══ Mg	−2.37	0.103
Pb^{2+}，Pb	$Pb^{2+}+2e^-$ ══ Pb	−0.126	−0.451
PbO_2，$PbSO_4$，SO_4^{2-}，H^+	$PbO_2+SO_4^{2-}+4H^++2e^-$ ══ $PbSO_4+2H_2O$	1.685	−0.326
OH^-，O_2	$O_2+2H_2O+4e^-$ ══ $4OH^-$	0.401	−1.680
Zn^{2+}，Zn	$Zn^{2+}+2e^-$ ══ Zn	−0.7628	0.091

附表 23 乙酸在水溶液中的电离度和离解常数（25℃）

c/ $mol\cdot m^{-3}$	α	10^2K_c/ $mol\cdot m^{-3}$
0.2184	0.2477	1.751
1.028	0.1238	1.751
2.414	0.0829	1.750
3.441	0.0702	1.750
5.912	0.05401	1.749
9.842	0.04223	1.747
12.83	0.03710	1.743
20.00	0.02987	1.738
50.00	0.01905	1,721
100.00	0.01350	1.695
200.00	0.00949	1.645

附表 24 难溶化合物的溶度积（18～25℃）

化合物	K_{sp}	化合物	K_{sp}
AgBr	4.95×10^{-13}	$BaSO_4$	1.1×10^{-10}
AgCl	1.77×10^{-10}	$Fe(OH)_3$	4×10^{-38}
AgI	8.3×10^{-17}	$PbSO_4$	1.6×10^{-8}
Ag_2S	6.3×10^{-52}	CaF_2	2.7×10^{-11}
$BaCO_3$	5.1×10^{-9}	$CaCO_3$	4.96×10^{-9}

附表 25 一些强电解质的平均活度系数（25℃）

电解质	m /mol·kg^{-1}				
	0.01	0.1	0.2	0.5	1.0
$ZnSO_4$	0.387	0.150	0.140	0.063	0.044
$CuSO_4$	0.444	0.150	0.104	0.062	0.042
$AgNO_3$	0.900	0.734	0.657	0.536	0.429
$CaCl_2$	0.732	0.518	0.472	0.448	0.500
$CuCl_2$	—	0.508	0.455	0.411	0.417
HCl	0.906	0.796	0.767	0.757	0.809
HNO_3	0.905	0.791	0.754	0.720	0.724
H_2SO_4	0.545	0.266	0.209	0.156	0.132
KCl	0.901	0.770	0.718	0.649	0.604
KNO_3	0.899	0.739	0.663	0.545	0.443
KOH	0.901	0.798	0.760	0.732	0.756
NH_4Cl	—	0.770	0.718	0.649	0.603
NH_4NO_3	—	0.740	0.677	0.582	0.504
NaCl	0.903	0.778	0.735	0.681	0.657
$NaNO_3$	—	0.762	0.703	0.617	0.548
NaOH	—	0.766	0.727	0.690	0.678
$ZnCl_2$	0.708	0.515	0.462	0.394	0.339
$Zn(NO_3)_2$	—	0.531	0.489	0.474	0.535

附表 26 均相反应的速率常数

（1）蔗糖水解的速率常数

c_{HCl}/mol·dm^{-3}	10^3k / min^{-1}		
	298.2 K	308.2 K	318.2 K
0.0502	0.42	1.74	6.213

续表

c_{HCl}/mol·dm^{-3}	10^3k / min^{-1}		
	298.2 K	308.2 K	318.2 K
0.2512	2.26	9.35	35.86
0.4137	4.04	17.00	60.62
0.9000	11.16	46.76	148.8
1.2140	17.55	75.97	

(2)乙酸乙酯皂化反应的速率常数与温度的关系：$\lg k=-1780T^{-1}+0.00754T+4.53$（$k$ 的单位为 $dm^3\cdot mol^{-1}\cdot min^{-1}$），$E_a=27.3\ kJ\cdot mol^{-1}$。

(3)丙酮碘化反应的速率常数 $k(25℃)=1.71\times10^{-3}\ dm^3\cdot mol^{-1}\cdot min^{-1}$；$k(35℃)=5.284\times10^{-3}\ dm^3\cdot mol^{-1}\cdot min^{-1}$。

附表 27　某些酶的米氏常数 K_M 值

酶	底物	K_M/ mol·dm^{-3}
麦芽糖酶	麦芽糖	2.1×10^{-1}
蔗糖酶	蔗糖	2.8×10^{-2}
磷酸酯酶	磷酸甘油	$<3.0\times10^{-3}$
乳酸脱氢酶	丙酮酸	3.5×10^{-5}
琥珀酸脱氢酶	琥珀酸	5.0×10^{-7}

附表 28　不同温度下水的表面张力

t/℃	$10^3\gamma$ / N·m^{-1}	t/℃	$10^3\gamma$ / N·m^{-1}	t/℃	$10^3\gamma$ / N·m^{-1}	t/℃	$10^3\gamma$ / N·m^{-1}
0	75.64	16	73.34	24	72.13	40	69.56
5	74.92	17	73.19	25	71.97	45	68.74
10	74.22	18	73.05	26	71.82	50	67.91
11	74.07	19	72.90	27	71.66	60	66.18
12	73.93	20	72.75	28	71.50	70	64.42
13	73.78	21	72.59	29	71.35	80	62.61
14	73.64	22	72.44	30	71.18	90	60.75
15	73.56	23	72.28	35	70.38	100	58.85

附表 29　几种胶体的 ζ 电位（25℃）

水溶胶				有机溶胶		
分散相	ζ/V	分散相	ζ/V	分散相	分散介质	ζ/V
As_2S_3	−0.032	Bi	0.016	Cd	乙酸乙酯	−0.047
Au	−0.032	Pb	0.018	Zn	乙酸甲酯	−0.064
Ag	−0.034	Fe	0.028	Zn	乙酸乙酯	−0.087
SiO_2	−0.044	$Fe(OH)_3$	0.044	Bi	乙酸乙酯	−0.091

附表 30　常用表面活性剂的临界胶束浓度

名称	测定温度/℃	CMC/mol·dm^{-3}
辛烷基磺酸钠	25	1.5×10^{-1}
辛烷基硫酸钠	40	1.36×10^{-1}
十二烷基硫酸钠	40	8.60×10^{-3}
十二烷基硫酸钠	25	8.20×10^{-3}
十二烷基磺酸钠	25	9.0×10^{-3}
对十二烷基苯磺酸钠	25	1.4×10^{-2}
氯化十二烷基胺	25	1.6×10^{-2}
十四烷基硫酸钠	40	2.40×10^{-3}
十六烷基硫酸钠	40	5.80×10^{-4}
十八烷基硫酸钠	40	1.70×10^{-4}
硬脂酸钾	50	4.5×10^{-4}
油酸钾	50	1.2×10^{-3}
月桂酸钾	25	1.25×10^{-2}

附表 31　高分子化合物特性黏度分子量关系式中的参数

高聚物	溶剂	t/℃	10^3K/dm^3·kg^{-1}	α	分子量范围 $M\times10^{-4}$
聚乙烯醇	水	25	20	0.76	0.6～2.1
聚乙烯醇	水	30	66.6	0.64	0.6～16
聚丙烯腈	二甲基甲酰胺	25	16.6	0.81	5～27
聚丙烯酰胺	水	30	6.31	0.80	2～50
聚丙烯酰胺	水	30	68	0.66	1～20
聚丙烯酰胺	1mol·dm^{-3} $NaNO_3$	30	37.3	0.66	1～20
聚己内酰胺	40% H_2SO_4	25	59.2	0.69	0.3～1.3
聚醋酸乙烯酯	丙酮	25	10.8	0.72	0.9～2.5
聚甲基丙烯酸甲酯	丙酮	25	7.5	0.70	3～93

参考文献

[1] 王舜．物理化学组合实验．北京：科学出版社，2011.
[2] 张洪林，杜敏，魏西莲等．第 2 版．青岛：青岛海洋大学出版社，2013.
[3] 刘澄蕃，滕弘霓，王世权．物理化学实验．北京：化学工业出版社，2002.
[4] 张新丽，胡小玲，苏克和．物理化学实验．北京：化学工业出版社，2002.
[5] 蔡显鄂，项一非，刘衍光．物理化学实验．第 2 版．北京：高等教育出版社，2003.
[6] 韩国彬，陈良坦，李海燕等．物理化学实验．厦门：厦门大学出版社，2010.
[7] 徐菁利，陈燕青，赵家昌等．物理化学实验．上海：上海交大出版社，2009.
[8] 邱金恒，孙尔康，吴强．物理化学实验．北京：高等教育出版社，2010.
[9] 杨百勤．物理化学实验．北京：化学工业出版社，2001.
[10] 顾月姝．基础化学实验Ⅲ——物理化学实验．北京：化学工业出版社，2004.
[11] 唐典勇，张元勤，刘凡．计算机辅助物理化学实验．第 2 版．北京：化学工业出版社，2014.
[12] 孙尔康，徐维清，邱金恒．物理化学实验．南京：南京大学出版社，1998.
[13] 张庆力．物理化学实验．杭州：浙江大学出版社，2014.